贾东 主编 建筑营造体系研究系列丛书

中国传统建筑的营建观念与逻辑

王新征 著

中国建筑工业出版社

图书在版编目（CIP）数据

中国传统建筑的营建观念与逻辑／王新征著．—北京：中国建筑工业出版社，2019.8

（建筑营造体系研究系列丛书）

ISBN 978-7-112-23739-5

Ⅰ．①中… Ⅱ．①王… Ⅲ．①古建筑-建筑设计-研究-中国 Ⅳ．①TU-092.2

中国版本图书馆CIP数据核字（2019）第092728号

对于中国传统时期的营建活动来说，除了气候、地形地貌、资源、经济和技术等客观因素外，意识形态、社会文化、审美心理等社会思想观念层面的主观因素的影响也有着非常明显的体现。本书对影响中国传统营建活动的思想和观念做一概要梳理，尝试描述今天所见的中国传统时期建成环境的物质实体是在一种怎么样的思想观念与逻辑体系之上建立起来的。上篇“营建之道”侧重于传统时期意识形态、精神信仰、社会文化、审美心理等因素对营建活动的影响，下篇“营造之器”则侧重于这些思想观念是如何体现在中国传统建筑营造体系中各个环节的基本逻辑之中的。

责任编辑：吴　佳　唐　旭　李东禧
责任校对：赵　颖

建筑营造体系研究系列丛书
贾东　主编

中国传统建筑的营建观念与逻辑

王新征　著

*

中国建筑工业出版社出版、发行（北京海淀三里河路9号）
各地新华书店、建筑书店经销
北京锋尚制版有限公司制版
北京中科印刷有限公司印刷

*

开本：787×1092毫米　1/16　印张：9½　字数：192千字
2019年6月第一版　2019年6月第一次印刷
定价：49.00元
ISBN 978-7-112-23739-5
（33983）

总序

2012年的时候，北方工业大学建筑营造体系研究所成立了，似乎什么也没有，又似乎有一些学术积累，几个热心的老师、同学在一起，议论过自己设计一个标识。在2013年，“建筑与文化·认知与营造系列丛书”共9本付梓出版之际，我手绘了这个标识。

现在，以手绘的方式，把标识的涵义谈一下。

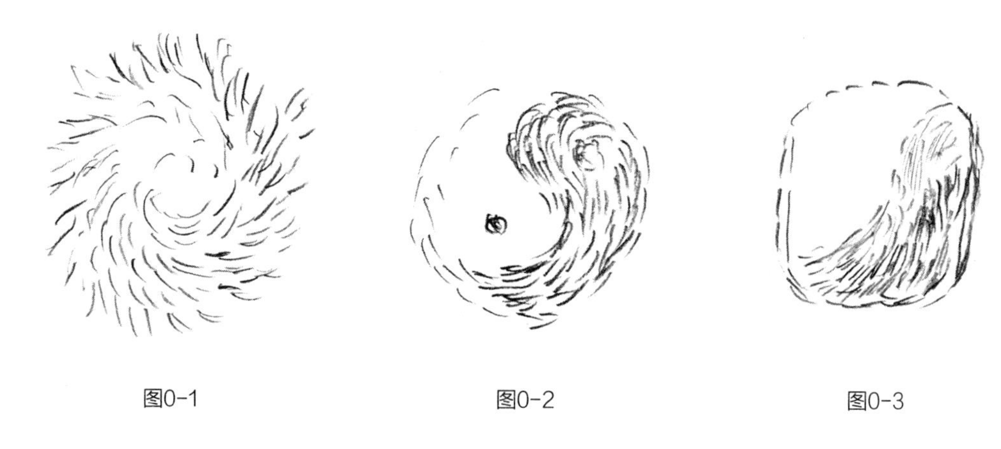

图0-1　　图0-2　　图0-3

图0–1：建筑的世界，首先是个物质的世界，在于存在。

混沌初开，万物自由。很多有趣的话题和严谨的学问，都爱从这儿讲起，并无差池，是个俗臼，却也好说话儿。无规矩，无形态，却又生机勃勃、色彩斑斓，金木水火土，向心而聚，又无穷发散。以此肇思，也不为过。

图0–2：建筑的世界，也是一个精神的世界，在于认识。

先人智慧，辩证大法。金木水火土，相生相克。中国的建筑，尤其是原材木构框架体系，成就斐然，辉煌无比，也或多或少与这种思维关系密切。

原材木构框架体系一词有些拗口，后撰文再叙。

图0–3：一个学术研究的标识，还是要遵循一些图案的原则。思绪纷飞，还是要理清思路，做一些逻辑思维。这儿有些沉淀，却不明朗。

图0-4

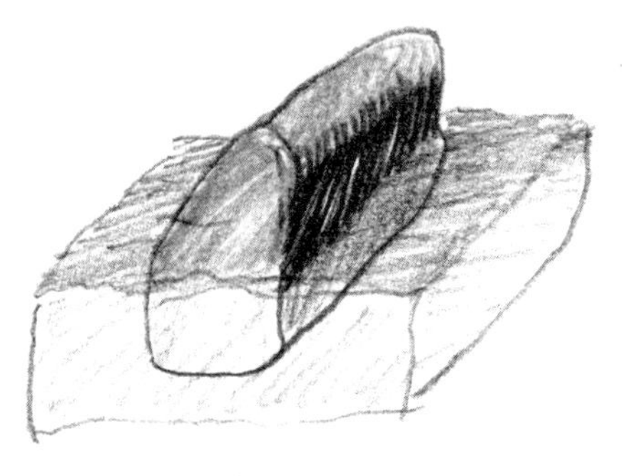

图0-5

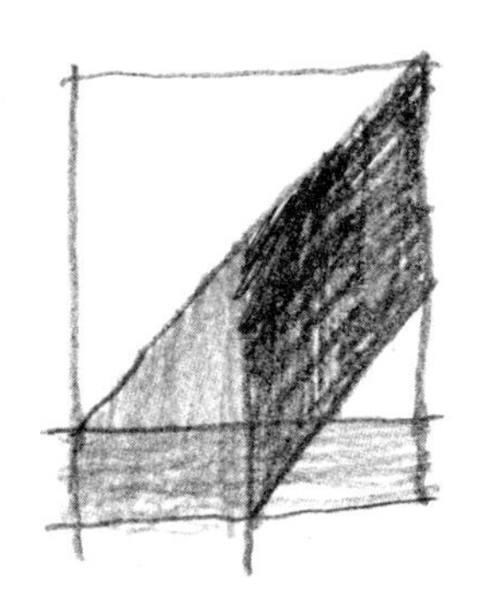

图0-6

图0-4：天水一色可分，大山矿藏有别。

图0-5：建筑学喜欢轴测，这是关键的一步。

把前边所说自然的大家熟知的我们的环境做一个概括的轴测，平静的、深蓝的大海，凸起而绿色的陆地，还有黑黝黝的矿藏。

图0-6：把轴测进一步抽象化图案化。

绿的木，蓝的水，黑的土。

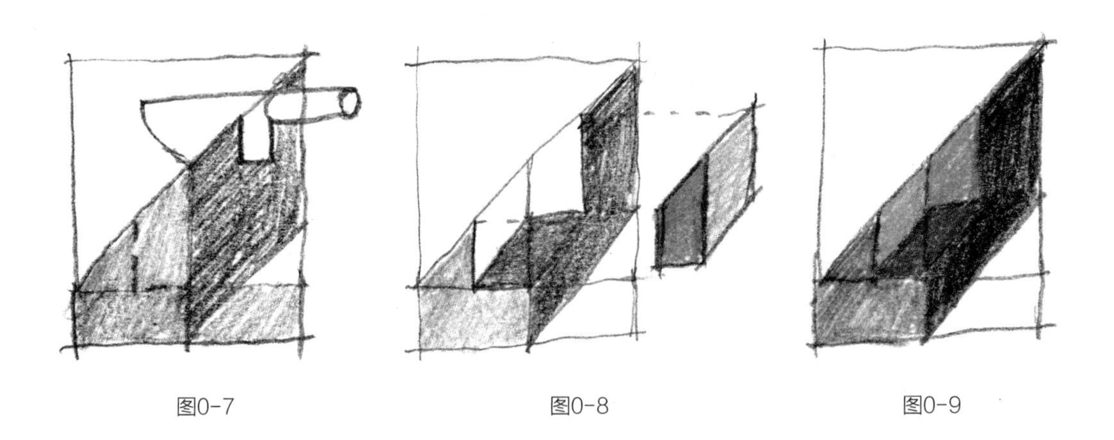

图0-7　　图0-8　　图0-9

图0-7：营造，是物质转化和重新组织。取木，取土，取水。

图0-8：营造，在物质转化和重新组织过程中，新质的出现。一个相似的斜面形体轴测出现了，这不仅是物质的。

图0-9：建筑营造体系，新的相似的斜面形体轴测反映在产生它的原质上，并构成新的五质。这是关键的一步。

五种颜色，五种原质：金黄（技术）、木绿（材料）、水蓝（环境）、火红（智慧）、土黑（宝藏）。

技术、材料、环境、智慧、宝藏，建筑营造体系的五大元素。

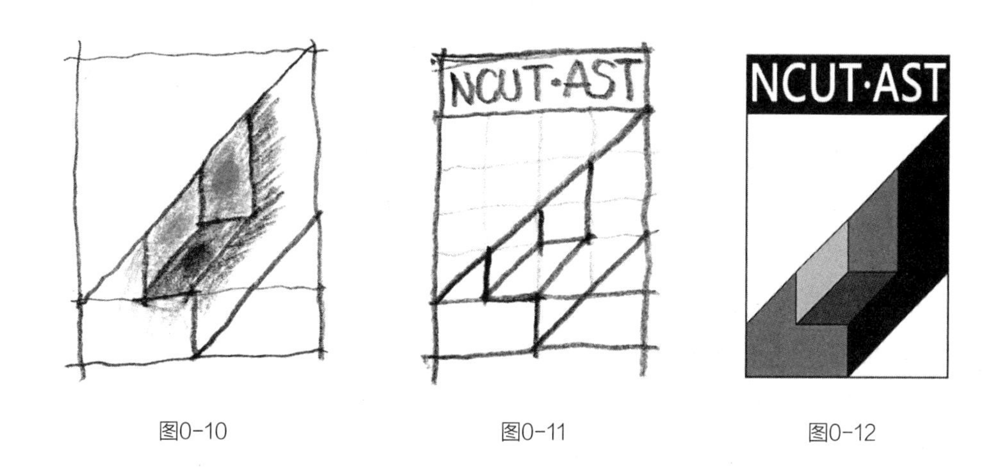

图0–10　　图0–11　　图0–12

图0–10：这张图局部涂色，重点在金黄（技术）、水蓝（环境）、火红（智慧），意在五大元素的此消彼长，而其人的营造行为意义重大。

图0–11：将标识的基本线条组织再次确定。轴测的型与型的轴测，标识的平面感。NCUT·AST就是北方工业大学/建筑/体系/技艺，也就是北方工业大学建筑营造体系研究。

图0–12：正式标识绘制。

NAST，是北方工大建筑营造研究的标识。

话题转而严肃。近年来，北方工大建筑营造研究逐步形成以下要义：

1. 把建筑既作为一种存在，又作为一种理想，既作为一种结果，更重视其过程及行为，重新认识建筑。

2. 从整体营造、材料组织、技术体系诸方面研究建筑存在；从营造的系统智慧、材料与环境的消长、关键技术的突破诸方面探寻建筑理想；以构造、建造、营造三个层面阐述建筑行为与结果，并把这个过程拓展对应过去、当今、未来三个时间；积极讨论更人性的、更环境的、可更新的建筑营造体系。

3. 高度重视纪实、描述、推演三种基本手段。并据此重申或提出五种基本研究方法：研读和分析资料；实地实物测绘；接近真实再现；新技术应用与分析；过程逻辑推理；在实践中修正。每一种研究方法都可以在严格要求质量的前提下具有积极意义，其成果，又可以作为再研究基础。

4. 从研究内容到方法、手段，鼓励对传统再认识，鼓励创新，主张现场实地研究，主张动手实做，去积极接近真实再现，去验证逻辑推理。

5．教育、研究、实践相结合，建立有以上共识的和谐开放的体系，积极行动，潜心研究，积极应用，并在实践中不断学习提升。

“建筑营造体系研究系列丛书”立足于建筑学一级学科内建筑设计及其理论、建筑历史与理论、建筑技术科学等二级学科方向的深入研究，依托近年来北方工业大学建筑营造体系研究的实践成果，把研究聚焦在营造体系理论研究、聚落建筑营造和民居营造技术、公共空间营造和当代材料应用三个方向，这既是当今建筑学科研究的热点学术问题，也对相关学科的学术问题有所涉及，凝聚了对于建筑营造之理论、传统、地域、结构、构造材料、审美、城市、景观等诸方面的思考。

“建筑营造体系研究系列丛书”组织脉络清晰，聚焦集中，以实用性强为突出特色，清晰地阐述建筑营造体系研究的各个层面。丛书每一本书，各自研究对象明确，以各自的侧重点深入阐述，共同组成较为完整的营造研究体系。丛书每本具有独立作者、明确内容、可以各自独立成册，并具有密切内在联系因而组成系列。

感谢建筑营造体系研究的老师、同学与同路人，感谢中国建筑工业出版社的唐旭老师、李东禧老师和吴佳老师。

“建筑营造体系研究系列丛书”由北京市专项专业建设——建筑学（市级）（编号PXM2014_014212_000039）项目支持。在此一并致谢。

拙笔杂谈，多有谬误，诸君包涵，感谢大家。

贾　东

2016年于NAST北方工大建筑营造体系研究所

前言

历史学的研究越来越关注整体历史的讲述，这使得长时段因素的影响变得更为重要。建筑史的研究中也有同样的倾向，这当然有助于建筑史的研究从对具体建筑和建筑师个案的过分关注中解放出来，尝试更多的可能性，但另一方面，对长时段因素的过分强调也容易抹杀建筑史研究中的个性化和趣味性因素。

在中国传统建筑的研究中，对自然地理和资源环境等因素就已经非常重视，但实际上对于中国传统时期的营建活动来说，气候、地形地貌、资源、经济和技术等客观因素固然重要，意识形态、社会文化、审美心理等主观因素的影响亦不可小视。特别是考虑到中国传统时期知识阶层在整个意识形态、权力架构以及社会文化领域所占据的支配地位，这种社会思想观念对营建活动的影响就体现得更为明显。

本书对影响中国传统营建活动的思想和观念做一概要梳理，尝试描述今天所见的中国传统时期建成环境的物质实体是在一种怎么样的思想观念与逻辑体系之上建立起来的。上篇“营建之道”侧重于传统时期意识形态、精神信仰、社会文化、审美心理等因素对营建活动的影响，下篇“营造之器”则侧重于这些思想观念是如何体现在中国传统建筑营造体系中各个环节的基本逻辑之中的。

一个也许更为现实的背景在于，长期以来，建筑史的研究逐渐成为一种过于专业化的学问。一方面，建筑史的研究不面向建造实践，与建筑设计活动之间的关联则大多限于风格层面，并且这种关联性总体上是单方向的；另一方面，建筑史的研究视野在长期的摇摆之后仍更多地集中于建筑本体领域，从“物”到“物”的研究思路仍然是一种常态。从积极的方面看，这推动了建筑史研究的不断深化，并使其能够远离不稳定的建筑市场和建筑实践活动的干扰，但从更大范围的影响来看，这无疑强化了一种孤芳自赏的姿态。

本书通过延续一种可能更为传统的研究思路，将营建活动与广阔范围内的社会背景充分地联系起来，希望为更大范围的读者提供一种不那么“专业”的认识中国传统建筑、认识中国传统营建活动的视角。

目录

上篇

营建之道

第1章 意义与禁忌

在中国传统时期的社会系统和文化系统中，存在着一些对中国传统建筑的发展有很大影响的文化和美学因素。这些因素或是直接涉及文化中对于建筑问题的整体看法，或是虽然不与建筑问题直接相关，但却通过对中国人的生活状态、集体心理、审美情趣的作用进而对建筑的发展产生影响。这些因素历史悠久、影响深远且范围广大，已经形成了一种存在于民族和文化集体心理中的意象，影响着整个社会和每个个体对待营建问题的态度。

1.1 “卑宫室”

在意识形态和政治文化方面，中国的官方主流文化中一直存在着弱化建筑特别是居住建筑存在感的价值取向。《论语》中孔子称赞大禹“卑宫室而尽力乎沟洫。”[①]这表明了一种主张建筑形象不宜过于夸张、而应简朴平实的观念。这种“卑宫室”的说法虽说是在描述一种关于建筑的观念，但其出发点并不是从建筑审美或者建筑设计出发的。从上下文看，孔子在这里称赞大禹“菲饮食而致孝乎鬼神，恶衣服而致美乎黻冕，卑宫室而尽力乎沟洫”，实际上是在赞颂大禹作为帝王的一种品质：对于国事尽力而对个人享受简朴。这里的“卑宫室”与同一段文字中的“菲饮食”、“恶衣服”一样被视为一种简朴的个人生活的象征。能够看到，虽然作为中国传统典籍中关于建筑问题最重要、影响力也最为深远的论述之一，但孔子的观点并非是从功能、结构或者美观等建筑学的本体问题出发，而是将建筑问题视为一种社会问题或者文化问题，关注的是建筑的意义表达价值而不是功能或者美学价值。

这种将建筑视为一个大的社会系统或者文化系统的一部分的倾向几乎贯穿了整个中国传统文化。一个类似的例子来自于《史记》,《史记·卷一百三十·太史公自序第七十》里面说：“墨者亦尚尧舜道，言其德行曰：‘堂高三尺，土阶三等，茅茨不翦，采椽不刮，食土簋，啜土刑，粝粱之食，藜藿之羹。夏日葛衣，冬日鹿裘。’其送死，桐棺三寸，举音不尽其哀。”在这里，建筑的形象、规制同样是被和器物、食物、服饰、葬仪一起讨论，被视为体现节俭品德的文化性因素。

类似的崇尚俭德、强调对营建活动成本进行严格限制的观念贯穿了整个传统时期，甚至

① 出自《论语·泰伯第八》中孔子称赞大禹的话：“卑宫室而尽力乎沟洫。”

在当代社会中仍有所体现。在传统时期的技术水平条件下，营建活动是消耗巨大的产业。明代工部郎中张问之的《造砖图说》中记载："自明永乐中，始造砖于苏州，责其役于长洲窑户六十三家。砖长二尺二寸，径一尺七寸。其土必取城东北陆墓所产干黄作金银色者，掘而运，运而晒，晒而椎，椎而舂，舂而磨，磨而筛，凡七转而后得土。复澄以三级之池，滤以三重之罗，筑地以晾之，布瓦以晞之，勒以铁弦，踏以人足，凡六转而后成泥。揉以手，承以托版，砑以石轮，椎以木掌，避风避日，置之阴室，而日日轻筑之。阅八月而后成坯。其入窑也，防骤火激烈，先以糠草薰一月，乃以片柴烧一月，又以棵柴烧一月，又以松枝柴烧四十日，凡百三十日而后窨水出窑。或三五而选一，或数十而选一。必面背四旁，色尽纯白，无燥纹，无坠角，叩之声震而清者，乃为入格。其费不赀。嘉靖中营建宫殿，问之往督其役。凡需砖五万，而造至三年有余乃成。窑户有不胜其累而自杀者。乃以采炼烧造之艰，每事绘图贴说，进之于朝，冀以感悟。亦郑侠绘流民意也。其书成于嘉靖甲午，而明之弊政已至于此。盖其法度陵夷，民生涂炭，不待至万历之末矣。"[①]在此，造砖一事被作为"法度陵夷，民生涂炭"的象征，固然有其资源、人力耗费之巨大，即使以中央集权国家的力量也不能忽视的客观原因，但更重要的是强调"不胜其累"的民间疾苦。与之相类似，在整个中国历史中，无论是官方的历史书写，还是民间的传说故事，普遍将大规模的营建活动——无论是长城之类的军事设施、运河之类的交通基础设施还是帝王的宫殿或陵寝——视为财富和民力的巨大消耗，而忽视其作为财富积累和再分配工具的意义。类似的观念不仅仅针对建筑的规模，同时也存在于对待建筑中名贵的材料、精细的装饰、复杂的工艺甚至舒适的室内物理环境的态度之中。

"卑宫室"以及与之相联系的观念系统，极大地影响了中国传统建筑的建筑形式和建造技术的发展路径。首先，这种观念在很大程度上阻止了中国建筑特别是宫殿建筑追求高大的体量和华丽的外观。关于这一点，梁思成在《中国建筑史》中曾经提到："古代统治阶级崇向俭德，而其建置，皆征发民役经营，故以建筑为劳民害农之事，坛社宗庙，城阙朝市，虽尊为宗法，仪礼，制度之依归，而宫馆，台榭，第宅，园林，则抑为君王骄奢，臣民僭侈之征兆。古史记载或不美其事，或不详其实，恒因其奢侈逾制始略举以警后世，示其'非礼'；其记述非为叙述建筑形状方法而作也。此种尚俭德，诎巧丽营建之风，加以阶级等第严格之规定，遂使建筑活动以节约单纯为是。崇伟新巧之作，既受限制，匠作之活跃进展，乃受若干影响。"[②]依靠高度来体现威严和等级秩序的方式曾经一度以"高台建筑"的形式盛行于东周至汉代之间，但最终中国建筑的发展没有以此作为主导方向，而是走向了以水平向度扩展

① 《四库全书总目提要·卷八十四　史部四十 政书类存目二·造砖图说一卷　浙江巡抚采进本》。纪昀，总纂．四库全书总目提要．石家庄：河北人民出版社，2000：2210-2211.

② 梁思成．中国建筑史．天津：百花文艺出版社，1998：18-19.

为主要模式的发展方向（图1–1）。其次，这种观念也在相当程度上压制了中国传统建筑建造技术水平的提高。缺少了对更高大的体量、更宏伟的室内空间、更舒适的物理环境以及更华美的视觉效果的追求，建筑技术的进步就缺少真正的动力。此外，营建领域中崇尚俭德的道德观念，也是中国传统社会建筑等级制度得以建立的重要基础。

图1–1 以水平向扩展为主的建筑组合模式
（来源：王新征 摄）

1.2 “非壮丽无以重威”

与以“卑宫室”为代表的崇尚俭德的文化观念和营建观念相对，在中国传统社会中，还存在着另一种对待营建活动的态度。《史记・高祖本纪》中记载：“萧丞相营作未央宫，立东阙、北阙、前殿、武库、太仓。高祖还，见宫阙壮甚，怒，谓萧何曰：‘天下匈匈苦战数岁，成败未可知，是何治宫室过度也？’萧何曰：‘天下方未定，故可因遂就宫室。且夫天子以四海为家，非壮丽无以重威，且无令后世有以加也。’高祖乃说。”①，萧何认为宫殿应该体现帝王的威严，并使后来者难以超过，这体现了在实用功能之外，对建筑的形象和纪念性的要求。

类似的观念也出现在诸多的文献记载当中。在前面提到过的《史记・卷一百三十・太史公自序第七十》里面，司马迁在评价儒家时说：“夫儒者以六蓺为法。六蓺经传以千万数，累世不能通其学，当年不能究其礼，故曰‘博而寡要，劳而少功’。若夫列君臣父子之礼，序夫妇长幼之别，虽百家弗能易也。”司马迁虽然批评儒家“博而寡要，劳而少功”，但仍然认为其对君臣、父子、夫妇、长幼的等级关系和社会礼仪的强调是非常必要的。这实际上和萧何对“非壮丽无以重威”的强调相类似，即虽然强调建筑的“壮丽”，但并非出自于基于建筑本体的形态学的考虑或者视觉审美的理由，而是出自于体现帝王威严的考虑，成为了一种政治统治的需要。正如《礼记・礼器第十》中所说：“礼，有以多为贵者：天子七庙，诸侯五，大夫三，士一……有以大为贵者：宫室之量，器皿之度，棺椁之厚，丘封之大。……有以高为贵者：天子之堂九尺，诸侯七尺，大夫五尺，士三尺；天子、诸侯台门。”在这里，这种建筑尺寸、高度、组织形式上的差异成为地位等级差异的象征。这种需求在后世的发展中得到了进一步的强化，就产生了严格的建筑等级制度，对于建筑的平面组织、尺寸、高度、屋顶形式、开间数量、结构与构造乃至装饰性细部，都有按照等级划分的明确规定。

①《史记・高祖本纪》。

这种以建筑来体现等级差异、彰显帝王威严的做法最为集中地体现在传统时期的宫殿建筑中。宫殿建筑有用于居住的部分，同时也不仅仅只具有居住功能。一般来说，在皇家的宫殿中除了居住部分的殿堂和园林外，还会包括用于行政办公的部分，在这两部分之间一般会有明确的功能分区。同时，除了实际的使用功能之外，宫殿建筑的另一个重要的作用，是用来体现帝王的威严，这一点才是宫殿建筑和居住建筑之间最大的区别。

也正是出于对“壮丽以重威”的强调，与中国的其他建筑类型不同，一直到传统社会晚期，宫殿建筑中也没有形成纯粹的合院式的平面组织模式。原因在于，纯粹的合院式组合对建筑单体的平面大小和体量有着比较严格的限制，即不能超越合院的基本尺度。在围合成合院的建筑单体之间，很多时候都存在主次之分，但是这种主次之分是有限度的，对这种主次差异的过分强调明显会破坏院落界面的连续性意义。而局限在合院的基本尺度内的主次关系显然无法满足对壮丽、威严的意象的要求。

于是能够看到，尽管在宫殿建筑中建筑群体总体上仍然围合成院落，但在其中相对于单体建筑的尺度来说院落的尺寸显得过于庞大，从而在很大程度上已经失去了合院形态通常所具有的意义。同时，最为重要的一点是，在宫殿建筑群中最为重要的建筑并不参与合院的围合，而是被置于附属建筑围合成的院落之中。这一点的典型例子是明清北京故宫中由太和殿、中和殿、保和殿所组成的核心建筑群（图1–2）。尽管整个外部空间被连接在殿堂上的墙（或者廊庑）划分为几个部分以产生仍然是通过殿堂将外部空间划分成几个连续院落的感觉，但这种划分的意

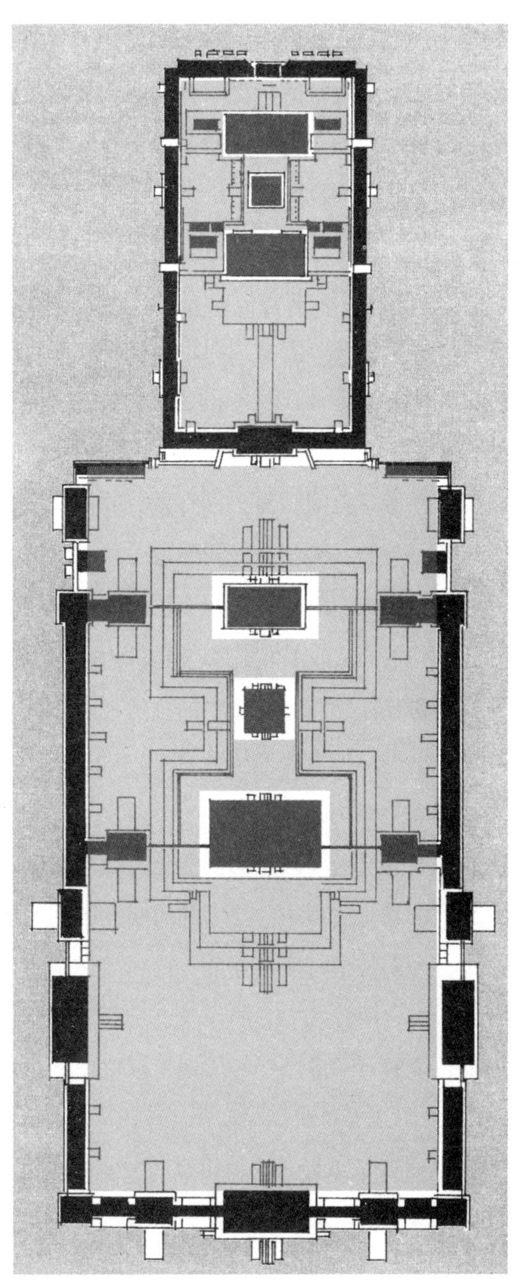

图1–2 明清北京故宫核心建筑群的拓扑关系分析
（来源：王新征改绘，原图来自:《华夏意匠》）

义过于薄弱以至于无法改变整体的拓扑关系。而故宫建筑群中居住部分的中心乾清宫、坤宁宫和交泰殿也是同样的拓扑结构。

实际上，这种将重要建筑置于由附属建筑围合成的广阔院落中间的形式是中国宫殿建筑最具有本源性的模式。在河南偃师二里头考古遗址的一号宫殿中（一般认为建于夏朝后期），就是在宽阔的庭院中建造了一座独立的殿堂。这种形式可能脱胎于原始聚落中位于若干居住建筑中间的用于首领居住和重要公共事务的较大建筑的形式。这种建筑形式在中国的宫殿建筑中几乎一直延续到传统社会末期。无论是西汉的长乐宫、未央宫，还是唐长安大明宫含元殿、麟德殿，乃至明清故宫，都没有彻底摆脱这种模式。与中国居住建筑中发展出的成熟的合院形态相比，宫殿建筑中实际上残留了更多的原始特征。而“壮丽以重威”的需求无疑是维系这种空间组合模式的重要原因之一。

“非壮丽无以重威”观念的另一个也许更为典型的体现是传统的坛庙建筑，包括天坛、社稷坛等类似的官方祭祀建筑，这是中国建筑中很特殊的一种建筑类型。在西方文明和伊斯兰文明中，在形成了统一的、优势性的一神崇拜体系后，原有的原始崇拜基本上已经消亡。而在中国，一直没有形成具有压倒优势，并且对世俗政治有较大影响力的宗教，同时，佛教、道教等主流宗教都不具有强烈的排他性，这使得中国的原始信仰以及相应的祭祀仪式一直流传了下来。无论是民间祭祀山神、土地和自然精怪的习俗，还是帝王主导的带有强烈政治性的祭祀天地的活动，乃至从官方到民间普遍性的供奉和祭祀祖先的行为，都具有强烈的原始信仰的痕迹。其仪式和祭祀行为也不指向人格化的神，带有原始自然崇拜的色彩。这些原始崇拜仪式和儒家文化中的自然观念和社会秩序追求结合在一起，成为中国文化传统中宗教之外的另一种重要的精神力量。

坛庙类建筑的数量不多，类型也不复杂，在整个建筑历史中的地位实际上无法和居住建筑、宗教建筑等类型相比。但是在坛庙类建筑中保留下来了在中国建筑传统成熟时期已经很少见到的具有精神中心要素和向心性图式的空间类型，具有一定的典型意义。为了强调相关祭祀行为的神圣与庄严程度，这一类建筑放弃了合院式的形式，采用更为简单的将主要建筑置于墙围合的院落中心的作法，从中能够看出原始的中心性院落空间的形态痕迹。通过这种形式，建筑对“威严”的体现不仅仅通过建筑单体本身，更依赖于建筑群体平面空间组织秩序的表达。

在汉长安城南郊礼制建筑的复原图（图1–3）中能够看到，由附属建筑、廊庑、围墙围合成正方形的院落，中心部位为建筑主体。整个建筑群体的空间形态既凸显出中心要素的重要意义，同时也体现出了对于向心性图式的强调。这种强调中心和向心性的“明堂、辟雍”形制在坛庙建筑中一直延续下来，在清代的国子监建筑群中仍然有同样的形式（图1–4）。

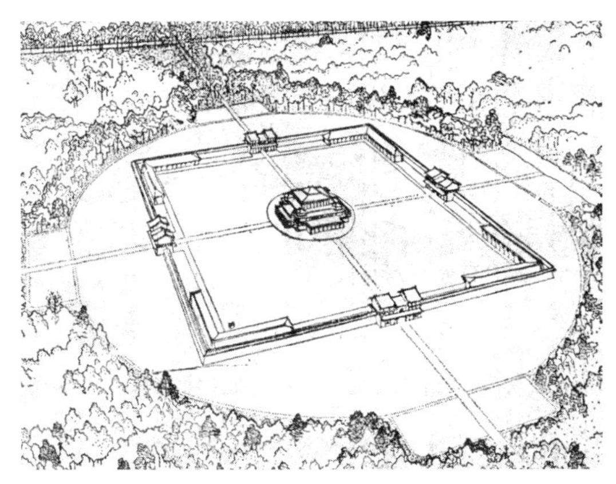

图1-3　汉长安城南郊礼制建筑复原图
(来源:《中国建筑史》)

图1-4　北京国子监辟雍
（来源：王新征　摄）

1.3　建筑与社会秩序的表达

“卑宫室”和“非壮丽无以重威”这两段中国传统上关于建筑形象问题的论述，前者表明了一种主张建筑形象不宜过于夸张，而应简朴平实的观念，而后者则认为建筑在实用功能之外，还应该体现帝王的威严，并使后来者难以超过，这实际上对建筑的形象和纪念性提出了很高的要求。这两句话中前者来自于儒家经典，后者的萧何虽然不属于儒家（一般认为属于法家），但作为汉朝开国各项统治制度的奠基者之一，其思想也在很大程度上为其后作为政府意识形态的儒家文化所吸收，同样成为儒家政治和文化理念的体现，对于后世的中国建筑特别是官式建筑的发展都产生了很大影响。那么，如何理解这两种观念之间的冲突呢？或者说，这两种对于建筑形象不同的认识是如何影响中国建筑的发展的呢？

对此，我们认为，“卑宫室”和“非壮丽无以重威”这两种看似矛盾的观念，实际上建立在共同的文化价值之上，即视建筑为社会关系、社会等级的一种体现。而这种社会关系和社会等级，则是基于以儒家思想为主体的传统文化中的社会秩序观念。其中，“非壮丽无以重威”所体现的是这种社会秩序之中对社会等级的严格区分，是针对于被统治者的秩序；而“卑宫室”体现的则是在这个社会秩序中作为统治者的帝王所应遵守的秩序，节俭的品德，正是这种秩序的一部分。

在中国传统社会中，社会秩序是支配个人和群体的生活和文化的核心秩序，这种基于世俗化等级划分的社会秩序在中国人的精神领域中的位置要远高于基于超验性的宗教秩序以及基于理性的自然秩序。尽管中国传统上有所谓“天道”的说法，但是这种天道并非如今天从字面意思上的理解一样代表某种对自然甚至宇宙客观规律的认识，而是指代一种更广大范围内的控制秩序。而所谓的“天人合一”就是指理想的社会秩序应当与这种更大范围内的理想秩序相符合。在实际中，这种“天道——人道”的同构关系为复杂而精密的宗法制度所细化和加强，形成在家、国、天下等社会生活各个层面都具有一致的理念和结构的秩序系统。这一整套秩序系统的力量之大和涉及范围之广泛，使得中国传统社会的文学、艺术、文化等各个领域都明显地体现出其影响。在建筑学领域，这种秩序化的组织要求表现在从大型公共建筑到私人民居、从宫廷建筑到最为偏远的聚落的几乎所有的建筑类型中。

相对来说，这种普遍性的世俗化社会秩序在西方历史上从来没有存在过。尽管在绝对君权时期等少数历史时期，西方社会也存在对世俗化等级制度的强调，但这种等级化的秩序从来没有普及到社会生活的所有层面。相应地，其在建筑中的影响也主要集中在宫廷建筑和政治性建筑中。而在西方历史上的大多数时期，超验性的宗教秩序和理性主导的自然规律才是影响精神世界和社会生活的主导秩序。其中后者很少在建筑形式中有明确的体现，而前者虽然会体现在建筑和城市秩序当中，但这种超验性本身就阻止了其过多地体现在世俗生活和大多数建筑形态当中。更为重要的是，在建筑秩序中体现一定的社会理念和社会秩序，本来就是中国传统建筑的重要特征之一。其他文明（比如西方文明和伊斯兰文明）中尽管也在特定的时期和范围内有过这种做法，但却远不如中国建筑中来得普及，并且也不像中国建筑对于社会秩序的体现那样具体化和图像化。并且，中国传统文化中“天-人”同构，“家-国”同构的社会结构认知，也是导致中国建筑中各类型建筑之间的结构关系具有一定类似性的原因之一。

这种基于基本社会秩序的建筑观念系统在很大程度上影响了中国建筑的形态。“卑宫室”的观念是阻止中国建筑特别是宫殿建筑最终走向向垂直向度发展的重要因素之一，使中国传统建筑走向了以水平向度扩展为主要模式的发展方向。而在这种水平向扩展的大前提下，“非壮丽无以重威”的等级秩序要求最终促使了一系列复杂的合院组织形态和空间秩序的产生。

尽管中国传统建筑中普遍采用的合院式的平面组织模式并不是一种以体现秩序感或者等级差别为主的形态，但仍然会因为参与围合的建筑之间在使用者、功能、位置和形制上的不同形成某种等级秩序。这种秩序不是来自于建筑本身，而是所处时代和文化中的社会秩序在建筑中的反映。这种对秩序的强调将建筑的形式、空间、群体组织和更大范围和更广泛意义上的社会秩序联系在了一起。在这个意义上，不同的社会秩序、不同的社会等级制度都会在建筑的意义表达和具体形态中留下痕迹。

在乡土建筑中，这种社会秩序的表达主要体现为合院式的空间格局中各建筑的主次关系、轴线、对称等秩序组织以及院落的实际空间感受等。一般来说，对于社会秩序的表达主要体现在发展成熟的乡土建筑体系中，例如北京、江南、山西、安徽、福建、广东等地的乡土建筑。这是因为在解决了基本的功能、技术问题后，才有进一步在建筑形态中体现形而上

图1-5　浙江东阳卢宅村卢宅
（来源：王新征　摄）

图1-6　贵州黔东南西江苗寨山地聚落
（来源：王新征　摄）

意义的可能。同样的道理，在经济更为发达、乡土建筑规模更大的地区，这一点也会体现得更加明显。此外，这种社会秩序的表达主要是一种官方文化的体现。因此越是在受到官方文化影响较大的地区，这种观念的体现就会越明显，例如一般靠近首都或者重要文化中心的区域要高于边缘区域，汉族地区要高于少数民族地区等（图1-5、图1-6）。

而这种建筑对社会秩序最为明显的体现还是来自于官式建筑，不同于乡土建筑营建中的自由和随意，官式建筑有着严谨的规划和设计过程，能够使其对社会秩序的体现最大程度地得到彰显。无论是体现着中心性图式的坛庙建筑，还是秩序严谨等级森严的宫殿建筑，都是对社会秩序中某种观念的表达。

第2章　信仰与祈望

在传统时期人类社会的认知水平、科学技术水平和生产力发展水平总体较为低下的情况下，对超自然力量的信仰的存在是一种普遍的现象。对于营建活动来说，一方面无论在中国传统社会中还是在其他几个最重要的文明和建筑传统当中，信仰类建筑都是传统时期最为重要的公共建筑类型，在很大程度上代表了一个时期建筑形制和建造技术发展的最高成就。另一方面，传统社会中超自然信仰在社会生活各个层面都具有重要的影响力，并最终会通过对社会整体的文化精神和审美情趣的作用影响营建活动的各个层面。

此外，与官方意识形态中对待信仰问题的态度相比，民间的乡土社会中的信仰状况甚至要更为复杂。无论是纷繁复杂的民间宗教和信仰，还是普遍存在的宗族文化，一方面会受到中央集权国家的官方主流意识形态和信仰文化的影响，另一方面也会因地域的自然地理、资源经济和社会文化条件而呈现出独特的地域性特征。与之相关联的信仰活动，是乡土社会公共活动中最重要的内容之一，同时往往与农事活动、商业活动等生产生活性活动紧密结合起来，并对聚落整体结构和公共建筑的形式产生重要的影响。

2.1　传统中国的信仰状况

在几个最为重要的建筑传统中，中国几乎是唯一一个在漫长的发展历史中从来没有形成过对于官方意识形态具有重要影响的超验性宗教的文明形态。中国传统文化中的民间信仰近似于一种原始的自然信仰和多神信仰在发展中逐渐世俗化的产物，崇拜对象的来源非常丰富，来自于原始信仰、原始神话、道教等本土宗教、佛教等外来宗教，甚至现实中的帝王将相等英雄人物（例如关羽、岳飞等），各朝代也没有统一而明确的教义和神系系统。当时，人神之间的关系不是“信仰–被信仰”的关系，而是“祈求–回应”的关系。评价神的价值标准是是否“灵验”，即是否能够回应人的祈求，灵验的神将会被修建更多的寺庙、塑像，得到更多的香火（图2–1）。因此，可以说人神间本质上是一种契约或者说交易关系，这种奇特的信仰形态被西方的研究者们称为“中国民间宗教（Chinese folk religion）”[①]。

本土的道教具有比较明确的教义和神系系统，但在对中国人精神生活的影响力方面与上

① 参见维基百科“Chinese folk religion”条目：en.wikipedia.org/wiki/Traditional_Chinese_religion.

述的民间信仰并无二致。对于普通民众来说信仰道教和信仰民间传说中的神灵并没有区别，仍然是一种“祈求–回应”的现实关系。换句话说，道教没有为中国的传统文化中增添属于超验性的体验。并且，道教的教义虽然脱胎于传统的道家思想，但是其对中国文化精神的影响还不如道家思想来得大。而作为中国最重要宗教的佛教，虽然确实为中国文化中带来了少许的超验性精神，但是这种超验性的内容大多与中国传统道家思想中避世的一面结合在一起，并成为文人阶层隐逸文化的一部分，没有形成独立性的影响，涉及的范围也不大。而在对民间的影响方面，佛教在传入中国后迅速地被本土化、世俗化，最终与道教一起形成了中国民间信仰的一部分。

图2–1　福建泉州通淮关岳庙
（来源：王新征　摄）

而作为当时文化主体的儒家思想，尽管被不少研究者称之为“儒教”，但其在文化精神的体现方面与真正意义上的宗教相去甚远。首先它并没有完整的世界观，或者说其世界观涵盖的范畴仅仅限于现实社会领域，而对之外的自然和精神世界都采取类似于“六合之外，圣人存而不论；六合之内，圣人论而不议”的态度。其次，出于同样的原因，它也不关心超验性的精神体验，所有超越现实之外的终极目的或者标准仅以“天道”这一模糊不清的概念来表示。在一定程度上，儒家思想较早地在主流文化中占据了主体地位，正是中国文化中的原始宗教和具有宗教意义的思想未能发展成为真正意义上的宗教的一个几乎是最为重要的原因，中国宗教传统的断裂正是始于儒家的兴起。同时，从文化原型的产生和作用的机制来讲，儒家思想对社会全面而普及的教化作用，一定程度上形成了大传统对小传统的压制，使得各类源于原始神话和巫术仪式的原型，其影响力趋于减弱甚至消失，这也是中国传统社会信仰文化的一个典型特征。

这种真正意义上的宗教文化的缺失或者说世俗思想始终居于精神世界之主流的状况，对中国建筑的发展有很大的影响。一方面，这加剧了中国建筑中不通过单体建筑的高大、宏伟与华丽来体现精神意义的倾向。因为对于超越性的崇拜主体（例如上帝）来说，不计代价的奉献是被赞赏的，但作为社会秩序一部分同时也要受到这个秩序约束的世俗君主则不能不受制约地建造自己的宫殿，而在“祈求–回应”的信仰体系下对神灵的奉献也不可能成为不计成本的行为。因此类似于西方那样花费上百年的时间，不计代价地建造施工难度达到时代局限的教堂的行为不可能在中国的建筑历史中存在。另一方面，这也进一步降低了中国建筑对永恒性的追求，世俗建筑设定的使用周期很难超过人的寿命，这一点迥异于那些为了神明建造的永恒的纪念碑。此外，缺少宗教文化也在一些具体的建筑形态中显示出影响力，例如中国建筑中中心性要素和向心性图式的缺失，很大程度上就是来源于此。正如戈特弗里德·森佩尔在《建筑四要素》一书中所指出的："尽管中国建筑至今仍保持其生命力，但除了蛮族人棚屋之外，它是我们所知道的具有最原始动因的建筑形式。人们已经注意到，中国建筑中的三种外部要素都是完全独立存在的，而作为精神要素的壁炉（这里我仍沿用这种说法，在后文中它将为含义更为丰富的祭坛所取代）却不再占据焦点的位置。"①这种纪念性与永恒性追求的缺失也使砖石建筑丧失了其最为重要的存在理由——木材在恒久性方面显然比石头要差得多。此外主要宗教佛教和道教的教义也不支持通过建筑等物化形式追求永恒性的做法。这种观念体现在建筑当中就是建筑一直被视为随时可根据需要进行更换甚至抛弃的东西。

2.2 民间信仰与信仰类建筑

对于乡土社会来说，一方面儒家思想与制度性宗教的影响仍然不可忽视，另一方面民间信仰无疑与聚落的生产生活、社会结构、民风民俗以及文化艺术的关联更为密切，同时也表现出与地域自然和社会环境条件更高的契合度。具体到信仰类建筑方面，在乡土聚落中，制度性宗教相关的公共建筑（包括作为儒家思想物质载体的文庙，佛教、道教的寺、观）总体上与官式建筑传统的关联度较高，这与儒家思想和制度性宗教作为文化"大传统"的地位是相契合的，但其内容和形式也会受到地域环境条件和乡土文化的影响，从而表现出不同于其标准形制的方面。在内容方面，乡土环境中的佛教、道教寺观通常修行和信仰所占的比重较低，更多地还是满足聚落祈福禳灾的需求，与民间信仰庙宇所承担的功能近似。在形式方面，乡土聚落中寺观的规模一般较小，虽然空间格局一般仍大体遵循宗教仪轨的要求，但也常根据地域的文化状况而有差异，其建筑形式往往也带有明显的地域性特征（图2-2）。在与聚落整体结构和公共空间系统的关系方面，制度性宗教的寺观通常位于聚落中较为重要的位置，例如村口、聚落中心或者聚落中地形较高的地方（图2-3）。

而与民间信仰相关联的公共建筑则表现出与地域环境条件和建筑传统更多的联系，很多情况下其形制与所处乡土聚落中的民居建筑更为接近（图2-4）。并且，相对于制度性宗教的寺观，民间信仰建筑通常位置更为分散和随意，规模更小。很多民间信仰类型并不依附于专门的建筑，而是直接在廊桥等交通便利位置设置神像，甚至完全不做遮蔽，露天放置（图2-5）。同时，很多与家庭生活相关的民间信仰，其载体往往与民居结合设置（图2-6）。

① 戈特弗里德.森佩尔．建筑四要素．罗德胤，等，译．北京：中国建筑工业出版社，2009：113.

图2-2　浙江金华汤溪镇汤溪城隍庙
（来源：王新征　摄）

图2-3　山西沁水西文兴村柳氏民居聚落文昌阁
（来源：王新征　摄）

图2-4　江西金溪珊珂村西溪庙
（来源：马韵颖　摄）

图2-5　广东澄海樟林古港民间信仰
（来源：王新征　摄）

图2-6　陕西旬邑唐家村唐家大院土地堂
（来源：王新征　摄）

图2-7　山西吕梁碛口古镇黑龙庙戏台
（来源：王新征　摄）

图2-8　福建泉州天后宫正殿
（来源：王新征　摄）

此外，无论是制度性宗教的寺观还是民间信仰的庙宇，在乡土聚落中其功能往往是复合性的，不仅仅用于祈禳，还常伴随着其他类型的公共功能，例如邻近庙宇设置庙会等商业空间，或者在庙宇内外设置戏台用于观演，等等（图2–7）。这种建筑功能的复合化适应了乡土环境中公共空间的数量和规模整体上较为有限的状况，同时也再次证明了中国乡土社会精神信仰活动所具有的世俗化特征。

在一些民间信仰较为兴盛的地区，相对应的信仰类建筑往往能够成为乡土社会公共生活的中心，同时也是乡土聚落空间结构的中心，这种状况甚至到今天还在一定程度上存在。以闽南、潮汕等在文化上同属闽海民系分支的地区为例，多具有发达的民间信仰系统，且近代以来在很大程度上得到了延续。究其原因，一方面，明清时代相对远离统治中心的地理位置、民间的富庶以及经济模式上对海洋的依赖，使得主流官方政治与文化的影响与压制总体上较为舒缓，为多元化的宗教信仰状况提供了宽松的环境。另一方面，相关地区历史上多疫病、风灾、水灾、旱灾、地震等灾害，环境的无常也使人们倾向于向神明祈求攘除灾祸。此外，传统社会晚期以来闽南、潮汕人出海贸易和务工的比例较高，也促进了妈祖等海神崇拜信仰的兴盛（图2–8）。

闽南、潮汕城乡聚落的民间信仰也具有多元化的特征，崇拜对象有的来自道教佛教等制度性宗教，有的来自于山川、海洋等自然信仰，有的来自于行业历史上的著名人物，也有土地神、农业神等较普遍的民间信仰对象。在民间信仰类建筑方面，相关庙宇数量众多，分布广泛，形式多样，但规模一般不大，同时多神合祀的情况较为普遍（图2–9）。在与聚落整体结构和公共空间体系的关系方面，城乡聚落中民间信仰的崇拜场所密度极高，不仅在村口、聚落中心等位置常有较为重要的庙宇，普通街道的尽头、交叉口或转弯处也多有小型的崇拜场所。很多规模较小的庙宇并不提供入内朝拜的空间，而仅供陈列神像，并在庙前以简易方

图2-9　广东潮州龙湖古寨护法庙，供奉护法老爷、弥勒佛、花公花妈
（来源：王新征　摄）

图2-11　福建厦门新垵村福灵宫
（来源：王新征　摄）

图2-10　广东澄海樟林古港招福祠
（来源：王新征　摄）

式搭建遮阳篷，在不过多占用土地和妨碍交通的情况下获得了一定的场所感（图2-10）。规模较大的庙宇，也有设置戏台的做法。

在一些例子中，民间信仰活动不仅仅影响到与之相关的公共建筑和公共空间类型，更进一步扩展到城乡聚落的整体结构，与整个乡土社会的社会结构紧密地结合在一起，一个典型的例子是福建泉州地区传统社会中的铺境信仰。与信仰有关的活动在闽南地区城乡社会中占有重要的地位，是闽南文化的显著特征之一。海陆相接、耕海为生以及长期的对外贸易所带来的海神崇拜与妈祖文化，使相关的天后宫、玄天上帝庙、龙王庙、水仙宫等信仰建筑历史上出现在闽南各地，同时佛教、道教、儒家思想以及形形色色的民间信仰在闽南乡土文化中都占有不小的比重。这种多元化的信仰状况，很大程度上来自于闽南文化中的实用主义特征和开放心态。兴盛的多元化信仰，造就了闽南城乡聚落中信仰类公共建筑数量多、密度高、形式多样，与聚落生活结合紧密的特点（图2-11）。

铺境制，是明清时期泉州城市的基层行政区划和行政治理制度，其起源大体来自于北宋时期的“保甲制”和“厢坊制”，元代时将泉州城划分为东、南、西三隅，清代增加北隅，共计四隅，“隅”下设“铺”，“铺”下设“境”，故称“铺境”，其中铺主要来自于政府的行政架构，而境的基础则主要是民间已有的族群和社区边界。如清道光《晋江县志》所载：“《周官》体国经野，近设比闾、族党、州乡，达立邻里酂鄙，县遂举闾阎、耕桑、畜牧、士女、工贾，休戚利病可考。而知今之坊隅都甲，亦犹是也。而官府经历，必立铺递，以计行程，而通声教。都里制宋、元各异，明如元，国朝间有增改，铺递则无或殊。守土者由铺递而周知都里，稽其版籍，察其隆替，除其莠而安其良，俾各得其隐愿，则治教、礼政、刑事之施可以烛照数计，而龟卜、心膂、臂指之效无难也……本县宋分五乡，统二十三里。元分在城为三隅，改乡及里为四十七都，共统一百三十五图，图各十甲。明因之。国朝增在城北隅为四隅，都如故。顺治年间，迁滨海居民入内地，图甲稍减原额。康熙十九年复旧，三十五年，令民归宗，遂有虚甲，其外籍未编入之户，更立官甲、附甲、军甲、寄甲诸名目。后增场一图，又立僧家分干一图，共一百三十七图。城中及附城分四隅十六图，旧志载三十六铺，今增二铺，合为三十八铺。”[①]

铺境制度确立后，泉州城围绕铺境制度发展出发达的民间信仰体系，各铺设铺庙，供奉本铺铺主，各境设境庙，供奉本境境主（图2-12）。境主、铺主的来源和身份多样，有的来自于佛教、道教等制度性宗教，有的来自于民间信仰的神灵，也有的来自于历史上的著名人物。铺、境每年举行“镇境”仪式，祈求神灵护佑，保境安民，仪式时的抬神巡游活动，除祈福外，也带有明确、强化铺境边界存在的意味。而供奉铺主、境主的铺境庙，不仅是铺境信仰的核心载体，也是铺境内部最为重要的公共空间（图2-13）。

图2-12　福建泉州西街奉圣宫，原奉圣境镜庙（来源：王新征　摄）

近代以来，城乡基层组织历经变迁，大多数城市中原有的基层组织结构早已瓦解，但在泉州旧城中，原有的铺境空间结构和社区认同在当代仍然得到了一定程度上的延续，铺境庙部分得到了保存甚至建造更新，原有的铺境信仰节庆仪式也部分得到了延续（图2-14）。这种状况在很大程度上来自于铺境作为一种基层行政组织和空间结构与民间

① 周学曾，等，纂修．晋江县志．福州：福建人民出版社，1990：484.

图2-13　福建泉州水巷尾富美宫，原富美境镜庙
（来源：王新征　摄）

图2-14　福建泉州西街历史街区
（来源　王新征　摄）

信仰的高度融合。从政府行政治理的角度看，实行铺境制的目的在于加强对基层的控制，但在实际运行的过程中，真正使铺境制从一种行政构架设计落实为一种得到普遍认同的社会现实的，并不仅仅是政府的行政管制，而更多地是来自于一种基于深厚的宗教与民间信仰土壤之上的社区认同，从而为宗族力量相对较弱的城市社区注入了不亚于宗族血缘的稳定力量。

2.3　宗族信仰与宗族文化

严格意义上讲，宗族信仰也是中国民间信仰的一部分，但从其实际影响力来看，在中国传统时期绝大部分地区的乡土社会中，祖先崇拜与宗族信仰的重要性都要远远超过任何一种制度性宗教或者民间信仰。尽管传统社会中后期以来，受商业活动兴盛影响，人口流动性增大，降低了宗族血缘的影响力，特别是市镇和城市中因单姓聚落较少，累世共居的大型宗族也不多见，散居宗族比例相对较高，使得佛教、道教等制度性宗教以及民间信仰的重要性渐趋增长，但一直到传统社会晚期，中国乡土社会总体上仍然具有较为强烈的宗族意识，宗族血缘仍是乡土社会中最为重要的联系纽带。

另一方面，宗族信仰的内容和形式也与其他民间信仰有所不同。前面曾经提到，在中国民间信仰中，人神之间的关系不是“信仰——被信仰”的关系，而是“祈求——回应”的关系，评价神的价值标准是是否“灵验”，即是否能够回应人的祈求福祉、攘除灾祸的诉求，灵验的神将会被修建更多的寺庙、塑像，得到更多的香火，因此人神之间本质上是一种契约或者说交易关系。但这种状况并不适于描述宗族信仰。虽然人们祭祀祖先、重视宗族血缘也有期望祖先护佑赐福、宗族互帮互助的实用主义诉求，但总体上并非视其为一种契约或者交易，而是认为祖先对后代的护佑、后代对祖先的崇敬都是天然存在、本当如此的，是血缘关系自然而然的表现。这种观念起源于原始的氏族观念，但真正使其长久延续并始终在乡土社会中占据主导地位的，则是传统时期长期农业占据绝对主导的经济结构以及作为官方主流意识形态的儒家思想所推崇的宗法制度与孝悌之道（图2–15）。

祠堂是祖先崇拜和宗族信仰的物质载体。上古时期，帝王、诸侯立宗庙祭祀祖先，但普通人不准设庙，如《礼记·王制》中说："天子七庙，三昭三穆，与太祖之庙而七。诸侯五庙，二昭二穆，与太祖之庙而五。大夫三庙，一昭一穆，与太祖之庙而三。士一庙。庶人祭于寝。"至迟到唐末、五代时期，已有民间建造家族祠堂的记载，但仍属民间自行其是的做法。南宋朱熹《家礼》中述及祠堂，详细描述了其形制，且放在第一卷的开篇，并解释说："此章本合在祭礼篇，今以报本反始之心，尊祖敬宗之意，实有家名分之守，所以开业传世之本也。故特著此，冠于篇端，使览者知所以先立乎其大者，而凡後篇所以周旋升降出入向背之曲折，亦有所据以考焉。然古之庙制不见於经，且今士庶人之贱，亦有所不得为者，故特以祠堂名之，而其制度亦多用俗礼云。"从儒家思想的角度较为正式地肯定了祠堂建造的意义以及祭祀近四世祖先的制度。明代嘉靖年间，礼部尚书夏言上《请定功臣配享及令臣民得祭始祖立家庙疏》，得到嘉靖帝的许可，自此对民间建造宗祠、家庙的限制愈加宽松，直接导致了明清两朝民间宗祠的大规模建造。此外关于宗祠、家庙的区别，不同时期、不同地域也有不同的理解，例如认为宗祠祭祀始祖，家庙祭祀近四世祖先，或者认为家庙需得有官爵者方可建。就实例所见，明清时期，民间对二者的概念已较模糊，混用的情况比较普遍。

作为祖先崇拜和宗族信仰在建成环境中的反映，在大多数汉族地区和相当一部分少数民族地区的乡土聚落中，在整体的聚落格局中都会强调出宗祠、祖庙所具有的重要地位。特别是最为重要的总祠，或位于聚落核心，或位于道路的枢纽位置，或位于地势较高处，并以之为中心，结合广场等形成聚落中重要的公共活动空间。大的聚落在总祠之外，还会有若干支祠。宗祠自身的形制一般较为发达，建造质量和装饰精美程度也往往是聚落中的最高水平（图2–16）。大型的民居建筑群体，也常有在正面中心位置设置宗祠的（图2–17）。

除了作为重要的信仰建筑对聚落整体结构的影响外，祠堂自身也是乡土聚落中重要的公共建筑类型和公共活动载体。通常来说，祠堂虽然是以崇拜、祭祀、供奉为主要功能，但在建筑形式和空间氛围上并不刻意强调神秘、压抑的气氛。特别是在明清祠堂建筑形制的发展中，用于举行祭祀典礼的中堂（享堂）逐渐取代了寝堂成为祠堂建筑的核心空间，中堂空间多较高大、宽敞、明亮，视觉效果通透，适于各种类型公共活动的开展（图2–18），因此，在乡土聚落中，祠堂除了祭祀活动外，往往也是宗族重要的聚会议事、家法奖惩、婚丧寿喜、节日庆典、戏剧观演、棋牌娱乐的场所，是宗族的"公共客厅"（图2–19）。即使在当代乡土社会宗族血缘的重要性已经被严重削弱的情况下，祠堂作为聚落或宗族公共客厅的功能仍然得到了很大程度的保留，并且增添了电视、电影放映、养老休闲、儿童娱乐等新的内容（图2–20）。

图2-15　浙江义乌田心四村慎可公祠（今文化礼堂）
（来源：王新征　摄）

图2-16　广东顺德碧江村慕堂苏公祠砖雕大照壁
（来源：王新征　摄）

图2-17　江西吉安洛阳村客家彭宅，中间为彭氏宗祠
（来源：王新征　摄）

图2-18　浙江桐庐荻浦村申屠氏宗祠家正堂
（来源：王新征　摄）

图2-19　山西榆次车辋村常家庄园常氏宗祠戏台
（来源：王新征　摄）

图2-20　广东遂溪苏二村黄氏宗祠
（来源：王新征　摄）

图2-21　江西宜春万载县田下古城民居与祠堂群
（来源：杨绪波　摄）

图2-22　广东三水大旗头古村振威将军家庙
（来源：李雪　摄）

也正是因为作为传统宗族文化和乡土公共生活的重要载体，在近代以来中国乡村的变迁中，祠堂虽然也受到一定冲击，但相对于民居建筑来说总体上仍得到较好的保存。在很多传统宗族文化较为发达的地区，至今仍有不少祠堂留存，并且仍在乡村公共生活中发挥着一定作用，例如湖南郴州汝城县的古祠堂群，在整个县域内，至今仍保存着明清时期的祠堂700余座，其中很多在选址、空间组织、建筑形式和装饰艺术方面都达到很高的水平，又如江西宜春万载田下古城，现存多个姓氏的祠堂20余座，多采用颜色接近白色的红砖作为墙体材料，具有鲜明的地域特色。类似的情况在两湖、安徽、江西、福建、广东等省的乡土聚落中均有较明显的体现（图2-21）。以下就以其中较具代表性的广东祠堂和徽州祠堂为例来看一看宗族信仰类建筑在中国传统时期乡土社会中地位和作用的具体表现。

广东地区历史上族群和文化多样性强，广府民系、潮汕民系、客家民系三大民系各有源流，各具特色，但彼此之间又有一定的联系和相互影响，此外雷州半岛的雷州民系、粤北的瑶族族群等规模较小、分布范围较窄的族群也都具有各自的特色。从总体上看，广东广府、潮汕、客家、雷州等汉族民系，均是北方中原地区汉族移民历史上持续南迁并与当地土著文明逐渐融合的结果，一方面保存了古代中原地区的文化传统，另一方面长期受移民文化影响，有较为强烈的宗族意识，宗族血缘成为乡土社会中最为重要的联系纽带。相应地，广东各地乡土聚落中聚族而居的比重一直相对较高。在这种情况下，广府、潮汕、客家、雷州聚落中的宗祠、家庙，一方面分布广泛，数量众多，在聚落中居于显要位置，成为整个聚落建筑群体的中心，另一方面祠堂、家庙自身的建造质量也达到很高的水平，建筑材料考究，装饰精美华丽（图2-22）。如清屈大钧《广东新语》中记载："岭南之著姓右族，于广州为盛，广之世，于乡为盛。其土沃而人繁，或一乡一姓，或一乡二三姓，自唐宋以来，蝉连而居，安其土，乐其谣俗，鲜有迁徙他邦者。其大小宗祖祢皆有祠，代为堂构，以壮丽相高。

图2-23　广东郁南五星村大湾祠堂群
（来源：李雪　摄）

图2-24　广东德庆古蓬村伯甫陈公祠
（来源：谢俊鸿　摄）

每千人之族，祠数十所，小姓单家，族人不满百者，亦有祠数所。其曰大宗祠者，始祖之庙也。”[①]例如广东郁南五星村的大湾祠堂群，大湾寨为李姓聚族而居的村落，历史上曾出过进士、翰林，经商者亦众，宗族各房支富贵者甚多，促进了高质量的祠堂建筑群的建设。现村中保留有李氏大宗祠、象翁李公祠、诚翁李公祠、峻锋李公祠、禄村李公祠、洁翁李公祠、锦村李公祠、拔亭李公祠、介村李公祠、学充李公祠（广府聚落中支祠一般称“公祠”）等祠堂共计19座，均建于清代。祠堂体量不大，但装饰精美，镬耳山墙的做法极具广府地区地域特色。祠堂成群集聚建造，排列整体，与广府聚落整体的“梳式”格局融为一体，成为聚落信仰和公共活动的中心（图2–23）。此外类似的还有德庆古蓬村，为陈姓聚居聚落，保存了包括陈氏宗祠在内的明清时期祠堂16座，其中伯甫陈公祠建于明万历年间，规模较大，工艺精湛（图2–24）。

再如潮州城区的已略黄公祠，建于清光绪年间，为二进院落，规模不大，但木雕、石雕装饰精美。特别是后厅及抱厦梁架的金漆木雕，风格大胆，色彩金碧辉煌，多层镂空工艺精细，代表了潮汕木雕装饰技艺的最高水平（图2–25）。广州城区的陈家祠，又名陈氏书院，于清光绪年间由广东各地陈姓族人捐资建造，结合了祠堂、书院和会馆的功能。祠堂规模宏大，布局严整，风格华丽，装饰精美，特别是对木雕、石雕、砖雕、陶塑、灰塑、铁艺等装饰技艺的综合运用，体现了岭南地区独特的建筑装饰风格（图2–26）。

徽州地区居民的主体，来自于北方黄河流域中原地区汉族移民自汉代到宋代因战乱等原因持续南迁，与当地土著文明（古称“山越”，为“百越”的一部分）逐渐融合的结果。移民文化与地域自然和社会条件的交融，造就出徽州文化中强烈的宗族观念和族群意识，徽州聚

① 出自《广东新语·卷十七　宫语·祖祠》。屈大均. 广东新语. 北京：中华书局，1985：464.

图2-25　广东潮州已略黄公祠梁架木雕
（来源：王新征　摄）

图2-26　广东广州陈家祠
（来源：王新征　摄）

落多为一个或几个大姓聚族而居，文化上以血缘关系作为维系社会结构的主要纽带。宋代以来，徽州地区文化昌明，理学的兴盛，进一步强化了徽州社会对宗族血缘和伦理纲常的重视。

这种对宗族观念的重视也体现在徽州聚落的规划和建筑当中，聚落中祠堂不仅建筑形制较为发达，通常也是聚落空间格局上的中心。《寄园寄所寄》中记载："新安各族，聚姓而居，绝无一杂姓搀入者，其风最为近古。出入齿让，姓各有宗祠统之，岁时伏腊，一姓村中千丁皆集，祭用文公家礼，彬彬合度。父老尝谓新安有数种风俗，胜于他邑，千年之家，不动一抔，千丁之族，未常散处；千载之谱系，丝毫不紊。主仆之严，数十世不改，而宵小不敢肆焉。"[①]祠堂常与广场、水塘等结合，成为聚落中重要的公共活动空间，本身的建造质量和装饰精美程度，也往往是聚落中的最高水平，故而徽州祠堂与牌坊、民居并称为"徽州三绝"（图2-27）。

徽州祠堂的平面形式，以三进两天井的居多，自前向后依次为仪门、大堂（享堂）、寝堂。建筑多为单层，也有寝堂为两层的。徽州地区地方戏曲较发达，因此祠堂的仪门兼作戏台的做法也较多见。祠堂的大门，通常位于正面中间，沿对称轴线设置，附以多层披檐式门罩，成为立面和建筑整体外观的视觉中心，也有的大门采用内凹的八字门的形式，或紧贴外墙附加石制牌坊，进一步强化大门的视觉效果（图2-28）。

以祁门桃源村为例，桃源村历史上为陈姓聚居，除大经堂（陈氏宗祠）外，还有持敬堂、保极堂、慎徽堂、思正堂、大本堂、叙五祠等共计九座祠堂，其中大经堂位于聚落入口，以封火山墙正对进村道路，设荷花池，祠前有前院，两侧开门作为进村的通道。大经堂的位置，既彰显了作为宗祠的重要地位，又具有景观功能的考虑（图2-29）。再如歙县昌

① 出自《寄园寄所寄·卷十一　泛叶寄·故老杂记》。赵吉士．寄园寄所寄　卷下．上海：大达图书供应社，1935：261.

图2-27　安徽歙县呈坎村罗东舒祠宝伦阁
（来源：张屹然　摄）

图2-28　江西婺源西冲村俞氏宗祠
（来源：杨茹　摄）

图2-29　安徽祁门桃源村大经堂（陈氏宗祠）
（来源：王新征　摄）

图2-30　安徽歙县昌溪村员公支祠
（来源：江小玲　摄）

溪村历史上为多姓混居聚落，各姓均建宗祠、支祠，今尚存太湖祠、寿乐堂、承恩堂、怀远堂、理和堂、细和堂、明湮祠、思成祠、周氏宗祠、亮公支祠、爱敬堂等祠堂共计十余座，其中寿乐堂又名员公支祠，是吴氏家族的支祠，规模不大，但形制规整，用材考究，工艺精湛，装饰精美，祠堂前有木制门坊，将祠堂与坊前月池连为一体（图2-30）。

此外，传统时期，除了宗祠、家庙等基于宗族血缘关系、用于祭祀祖先的祠堂外，还有另一类祠堂，供奉和祭祀的对象并非家族祖先，而是历史上有名望的人，称作“公祠”，通常为官方出资或社会集资修建。明《永乐大典·卷五千三百四十三》引《三阳志》中记载：“州之有祠堂，自昌黎韩公始也。公刺潮凡八月，就有袁州之除，德泽在人，久而不磨，于是邦人祠之。”就是关于建造公祠的记载。韩愈被贬为潮州刺史，治潮八月，有功于地方，潮州人感恩，世代建祠供奉，今仍存明清所重修之韩文公祠（图2–31）。

江苏无锡惠山祠堂群，就是公祠集中建设的典型实例。惠山祠堂群位于无锡西郊，惠山东麓，至今保存着118座祠堂建筑。这些祠堂中有部分由官方出资或民间集资建造，祭祀先贤名士，例如华孝子祠、至德祠、尊贤祠、报忠祠、五中丞祠等，属于典型的公祠（图2–32）。也有一部分由居住于无锡的裔孙出资或集资创建，作为合族共祀的总祠或宗祠，例如钱武肃王祠、文昌祠、胡文昭公祠、倪云林先生祠、范文正公祠等，此外华孝子祠等部分官建祠堂也被用作合族共祀的总祠。这类祠堂虽然带有宗族祭祀的性质，但相比聚族而居之地所建造的祠堂、家庙，主要目的更侧重于宗族精神和显赫历史的展现，祭祀对象也都是宗族先贤，带有很强的公祠的性质。除此而外，惠山祠堂群中也有大量普通的家祠，但整个祠堂群的盛名，仍是来自于公祠。

惠山祠堂群的缘起，带有强烈的官方意识形态色彩。明清两代中央政府，均重视家族教化，以强化“家国天下”的社会结构。因此一方面由官方出资建造公祠，宣扬忠孝节义，另一方面也推动民间合族立祠，祭祀家族先贤，同样是出于强化忠孝节义思想的目的。从这个意义上讲，公祠的功能和意义，纪念强于祭祀，弘扬强于追思，在很大程度上类似于当代的名人纪念馆，其公共属性要远远超过普通的祠堂、家庙。

图2–31　广东潮州韩文公祠
（来源：王新征　摄）

图2–32　江苏无锡惠山华孝子祠
（来源：王新征　摄）

第3章　秩序与自然

中国传统建筑在形态方面的两个特征一直表现得非常明显：其一是对秩序的重视，无论是建筑群体中方位、轴线、对称、主次和空间序列的组织，还是对建筑单体形态严格的等级制度规定，均体现了为建造行为赋予某种整体性秩序的强烈主张，并且这种秩序往往超越了纯粹形态的范畴；其二是对自然的关注，体现在从大规模的皇家园林到方寸之间的私家园林，乃至更小空间内的庭院景观等各个层面对自然山水的摹仿之中。

通常意义上，上述两者之间被认为是相对立甚至矛盾的。强调秩序感的建筑传统中通常会将这种对秩序的诉求加诸于自然造物之上，而对自然的热爱则往往会压制对建筑秩序感的要求，其中前者的典型案例可见于法国古典主义时期的建筑和园林，而后者在日本传统建筑和园林中有较明显的体现。

而在中国传统建筑中，对秩序的重视和对自然的偏爱在大多数时候处于并存的状态，并且事实上很难去分辨二者之间哪一个居于更为主导的地位。如果将视角放在一个更广阔的空间范围里来看的话，考虑到大多数建筑传统中的状况，这种秩序与自然的共存实际上是具有一定独特性的。

3.1　秩序:《考工记》的营国理念

从考古发掘的成果看，至迟到西周时，中国建筑中已经有了明确的对建筑秩序性的追求。在陕西岐山凤雏村发现的西周建筑（关于这组建筑具体的建造时间和性质还存在争议，一般认为在商末到周初前后，功能是宫殿或者宗庙）中，已经有了明确的轴线对称、内外、序列等建筑秩序的组织。得益于中国传统上对历史书写的重视，今天能够看到很多成型于西周时期的历史文献。在这些历史记载中，可以看到在那个时期的建造活动中对秩序的重视，其中最典型的例子就是《周礼・冬官・考工记》。

关于《考工记》的成书时间，学界存在不同的观点，从西周到战国的说法都存在，春秋后期到战国初期是得到较多支持的观点。无论上面的说法哪个确切，从内容上看很明显都是对周代的科学技术和相关制造制度的记述。在其中的“匠人”一篇中，主要记载了有关城邑、建筑、水利工程等建造工程方面的内容[1]。

《考工记·匠人》全篇不足600字的篇幅，涉及了测量定位、城邑规划、建筑历史（对夏、商建筑形制的描述）、宫城建筑、灌溉工程、泄洪沟渠、防洪堤坝、民用建筑、道路工程等几乎那个时代的营建活动中可能包含的全部内容，其中很明显的一点是，在有限的篇幅中，著者的注意力并不是主要放在工程技术层面的描述上，而是集中于形态的“规定”之上。这些规定中有少数来自于功能和技术上的原因，但绝大部分并无非如此不可的理由，特别是那些详细的尺寸规定，显然并不是功能和技术所能完全决定的。关于这一点，可以与西方历史上较早的一部系统阐述建筑相关内容的理论著作《建筑十书》相比较。在《建筑十书》的十个篇章中，只有较少部分的内容涉及对建筑形制的明确规定，在这当中又有相当的部分集中于对柱式等细节问题的讨论，而不是对整体的建筑组织形态的图式化的规定。除此之外，绝大多数篇幅都是关于建造技术方面的描述。从这一对比中可以很明显地看出《考工记·匠人》中对于城市和建筑的形态规定远远超出了对于建造技术的描述。

《考工记》中的这种叙述倾向实际上代表了中国传统上对建筑形态问题的一种典型的态度，即不仅仅将建筑形态问题视为单纯的功能问题或者美学问题，而是需要在其中加诸某种秩序的表达。这具体体现在两个方面：

一是将建造行为和建成环境置于某种秩序控制之下的欲望。《考工记》的篇章被置于《周礼》之中的做法本身就说明了这一点。《周礼》内容庞杂，包括了政治、信仰、外交、历史、地理、天文、历法、工程、农业、教育、民俗等诸多方面的内容。而这些方面的内容能够被整合在一部论著中，关键就在于其以之为名的“礼”字，在这里“礼”所代表的意义，就是一种普遍性的秩序。这种秩序既包括了自然秩序，也包括了社会秩序；既包括了广阔的天地和国土之内的秩序，也包括细微的工具器物之中的秩序；既包括体现为城市、建筑等现

---

① “匠人建国。水地以县，置槷以县，眡以景。为规，识日出之景与日入之景。昼参诸日中之景，夜考之极星，以正朝夕。匠人营国。方九里，旁三门。国中九经九纬，经涂九轨。左祖右社，面朝后市，市朝一夫。夏后氏世室，堂修二七，广四修一。五室，三四步。四三尺。九阶。四旁、两夹，窗，白盛。门，堂三之二，室三之一。殷人重屋，堂修七寻，堂崇三尺，四阿重屋。周人明堂，度九尺之筵，东西九筵，南北七筵，堂崇一筵。五室，凡室二筵。室中度以几，堂上度以筵，宫中度以寻，野度以步，图度以轨。庙门容大扃七个，闱门容小扃叁个，路门不容乘车之五个，应门二彻叁个。内有九室，九嫔居之；外有九室，九卿朝焉。九分其国，以为九分，九卿治之。王宫门阿之制五雉，宫隅之制七雉，城隅之制九雉。经涂九轨，环涂七轨，野涂无轨。门阿之制，以为都城之制；宫隅之制，以为诸侯之制。环涂以为诸侯经涂，野涂以为都经涂。匠人为沟洫。耜广五寸，二耜为耦。一耦之伐，广尺、深尺，谓之甽。田首倍之，广二尺，深二尺，谓之遂。九夫为井，井间广四尺、深四尺，谓之沟。方十里为成，成间广八尺、深八尺，谓之洫。方百里为同，同间广二寻、深二仞，谓之浍。专达于川，各载其名。凡天下之地埶，两山之间，必有川焉；大川之上，必有涂焉。凡沟逆地防，谓之不行。水属不理孙，谓之不行。梢沟三十，而广倍。凡行奠水，磬折以参伍。欲为渊，鉤句于矩。凡沟必因水埶，防必因地埶。善沟者，水漱之；善防者，水淫之。凡为防，广与崇方，其閷叁分去一，大防外閷。凡沟防，必一日先深之以为式，里为式，然后可以傅众力。凡任，索约，大汲其版，谓之无任。葺屋参分，瓦屋四分，囷、窌、仓、城，逆墙六分，堂涂十有二分，窦，其崇三尺，墙厚三尺，崇三之。”闻人军，译注. 考工记译注. 上海：上海古籍出版社，2012：110-127.

实可见之物的秩序，也包括存在于社会、文化、制度中的无形的秩序。并且，在中国文化中，所有这些秩序在本质上是近似的，都是对更广泛意义上的所谓“天道”的一种反映（注意这里所说的天道并非一种自然观或者宇宙观，而是一种社会观意义上的世界观）。因此，《周礼》中将上述诸种事物放在一起加以论述的根源就在于认为这些社会生活中的各个方面都应该被置于统一的秩序之下来进行。包括城市和建筑在内的建成环境作为社会生活的基本背景，显然也在这个秩序控制的范围之内。

二是通过某种图式化的形态来体现这种秩序。在中国建筑中，绝大多数图式（在这里，“图式”一词指建筑要素之间图形化的组织方式）既不是来自于自然或者宇宙图景，也不是来自于宗教中的某种精神理念，而是来自于一种社会秩序的表达。在《考工记》中，对城邑结构的描述按照方格网的图式来展开，并且在“匠人”篇的一开始就提到要测量和定向，显示出对建成环境的方向系统的重视。藉由这种方向系统，方格网的图式与更广阔范围内的秩序联系了起来。同时，在“匠人”篇中还描述了农田灌溉水系的形态，同样以方格网作为基本图式，即著名的“井田制”。在这里，城邑建筑和农田水利这两种截然不同的事物，被用同样的图式从形态上控制起来，这也清楚地说明了这种形态控制与功能或者美学意义关系不大，而是出于一种自上而下将一切置于一种统一的秩序控制之下的思路（图3-1）。

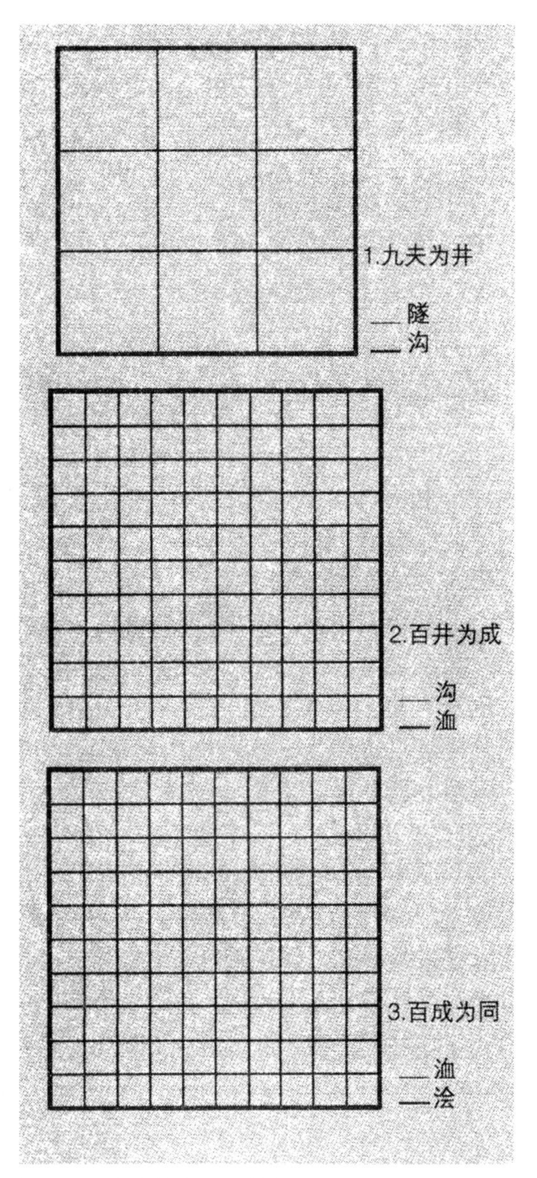

图3-1　井田沟洫水利示意图
（来源：《考工记译注》）

如果说在西周时期，这种对理想化的社会秩序的追求还只是存在于部分统治者和学者当中的一种不甚清晰的认识的话，那么自汉代开始，这种理想则被以一种制度化的方式从国家统治的角度确立下来。从董仲舒的“罢黜百家，独尊儒术”开始，经过改造过的儒家思想成为了中国历代中央政府的主导意识形态，并一直延续到近代，其中，对普遍性的理想秩序的追求，成为了这种意识形态中最为重要的内容之一，因为正是这种将社会生活各个层面的秩序与一种更广泛意义上的“天道”联系起来的做法，为政府大一统的中央集权统治，提供了最为理想的政治解释，即“受命于天”。自此开始，中国传统时期的文化，就从来没有离开过这种对理想秩序理念的追求，并且深刻地体现在包括建筑在内的中国社会生活的各个领域之中。

3.2 自然:《桃花源记》的住居理想

主张无为而治的道家思想在汉代初期政治中影响很大，但“罢黜百家，独尊儒术”之后，因为不适应政府加强中央集权的需求逐渐被儒家思想所取代，但这并不意味着道家思想从此丧失了对中国传统文化和精神生活的影响力。事实上，在整个传统时期的中国社会中，道家思想和儒家思想始终是影响中国人精神世界的最重要的两条线索（佛教虽然是中国最重要的宗教，但从对中国文化的影响看，佛教思想并没有成为中国文化中独立的思想来源。在进入中国之后的本土化进程中，它的思想很大程度上被中国文化所同化，并部分地与儒家或道家的思想结合在一起得到流传），其中，儒家思想的影响途径与官方文化结合得更为紧密，而道家思想在很大程度上丧失了对中央政府的影响力之后，对中国人精神生活的影响途径则转移到了民间。

而二者影响的直接交集则是读书人、知识分子或者所谓儒生们。从隋朝开始实行科举制以来，读书人实际上成为中国上层社会和底层社会之间最重要的文化交换渠道，成为中国社会大传统与小传统的结合之处。这部分源于“读书——科举——为官——回乡”这一直接的人员流动所带来的文化交流，另外可能更为重要的原因则是来自于知识阶层自身对两种文化的整合，这实际上与中国知识分子精神世界的二重性有关：当在科举、仕途中一帆风顺时，他们遵循儒家的教诲，以天下兴亡为己任，以“修身齐家治国平天下”为人生理想；而当屡试不第、仕途坎坷，或者人生中有心灰意冷之时，他们则往往倾向于信奉黄老之道，勤习书画，主张寄情于山水田园的隐逸生活。

在这个方面，被认为是中国最早的田园诗人的陶渊明就是一个代表。在厌倦仕途，辞官归隐之后，他写下了大量描写山水林池和田园生活的作品，描绘了“采菊东篱下、悠然见南山”的家居生活意境。而这当中《桃花源记》对这种生活情趣和居住理念的描述最为典型和具体[①]。

① “晋太元中，武陵人捕鱼为业。缘溪行，忘路之远近。忽逢桃花林，夹岸数百步，中无杂树，芳草鲜美，落英缤纷，渔人甚异之。复前行，欲穷其林。林尽水源，便得一山，山有小口，仿佛若有光。便舍船，从口入。初极狭，才通人。复行数十步，豁然开朗。土地平旷，屋舍俨然，有良田美池桑竹之属。阡陌交通，鸡犬相闻。其中往来种作，男女衣着，悉如外人。黄发垂髫，并怡然自乐。见渔人，乃大惊，问所从来。具答之。便要还家，设酒杀鸡作食。村中闻有此人，咸来问讯。自云先世避秦时乱，率妻子邑人来此绝境，不复出焉，遂与外人间隔。问今是何世，乃不知有汉，无论魏晋。此人一一为具言所闻，皆叹惋。余人各复延至其家，皆出酒食。停数日，辞去。此中人语云：‘不足为外人道也。’……”

《桃花源记》生动地描绘出一幅避世隐逸、与世隔绝、居于山水田园之间的生活场景。这种与《考工记》中的建筑与城市理想完全不同的居住理念代表了中国文化中的反秩序情结。与投身于社会——国家——天下的整体秩序之中的儒家理想相比，这种避世隐逸的态度则是遵循了道家思想中脱离社会、摆脱秩序的束缚、回归本心的理想。

在现实中，这种摆脱秩序的倾向一般体现为对自然的追求，因为在中国文化中，通常意义上的秩序都是指向对社会的控制，而不是对自然的控制，换言之，自然并不在儒家理想世界秩序控制的范围之内。《庄子 · 齐物论》中说："六合之外，圣人存而不论；六合之内，圣人论而不议；春秋经世先王之志，圣人议而不辩。"这句话虽是来自道家，但是被后世的儒家反复引用，因为它很符合中国传统知识界和文化界对世界与自然范畴关系的一个界定。也就是说，这世界上的事情，有些是我们知道有但我们不去提它的，有些是我们提到但也不会去管它的，这是中国传统世界观中很重要的一个特征。而儒家文化或者说整个中国传统文化中对待自然的态度就是这样，自然被视为社会秩序之外的、非理性的、与秩序相对立而存在的事物或者环境。因此，当一个人选择了隐逸生活，选择了回到自然之中，他就已经不在这个社会秩序的控制之内，不再受到这个秩序的制约，他的所有反秩序、非理性的行为都是可以被接受的。魏晋南北朝道家思想盛行时期所谓"隐士"们一些极端化的行为都是源自于此。而作为中国古代重要文学和艺术成就的山水画和田园诗，则是这种自然意义作为一种审美趣味和文化趣味在文学和艺术作品中的反映。

3.3 "匠人营国"与"世外桃源"：中国人的住居理想与空间原型

我们认为，"匠人营国"的完美秩序和"世外桃源"的隐逸自然，实际上代表了中国文化中最为重要的两种文化——美学与空间原型。其中前者来自于儒家文化，表现为追求秩序、入世，后者则来自于道家文化，表现为追求自然、出世、隐逸。这两种原型体现在从日常生活情趣、文学、平面艺术、实用艺术乃至建筑，几乎包含中国传统社会生活和精神生活的各个领域。并且，由于中国文化传统中相对重视知识分子阶层而轻视体力劳动者的倾向，使得知识阶层的生活意趣、审美品位和文化品位，对整个社会总体的文化和艺术观念有着决定性的影响。对于建成环境而言，中国传统的城市、建筑和园林也在更大程度上反映了知识阶层而不是建造者的意趣和品位。因此，这种来自于知识阶层的双重理想原型在很大程度上影响了整个社会文化和建成环境。

"大传统"与"小传统"的概念是美国人类学家罗伯特 · 芮德菲尔德在其《农民社会与文化：人类学对文明的一种诠释》一书中提出的："在某一种文明里面，总会存在着两个传统；其一是一个由为数很少的一些善于思考的人们创造出的一种大传统，其二是一个由为数很多的、但基本上是不会思考的人们创造出的一种小传统。大传统是在学堂或者庙堂之内培育出来的，而小传统则是自发地萌发出来的，然后它就在它诞生的那些乡村社区的无知的群众的生活里摸爬滚打挣扎着持续下去。”①在上述两种中国文化中最为典型的空间原型中，“匠人营国”的秩序追求代表了一种来自于作为官方意识形态的儒家经典的大传统文化中的人生观，而“世外桃源”式的自然追求则代表了一种远离主流意识形态的非官方的文化形态。尽管这种对自然的追求很难被认为是完全属于民间的文化，但是相对于儒家思想的秩序理想来说，传统文化中的道家思想确实在一定程度上显示出属于小传统的特征。

图3-2　元代界画《汉苑图》
（来源：《华夏意匠》）

上述两个相对的原型在中国历史上的各个时期、各个领域中都有或多或少的展现。例如唐代同一时期最著名的两位诗人杜甫与李白，前者的诗歌多以反映民生疾苦的现实主义题材为主，具有强烈的入世倾向；而后者的诗作则多有吟游山水的主题，具有超脱现实的浪漫主义情怀。近似的文化倾向在历代各种形式的文学作品中都有体现。在绘画中，传统中国的建筑画样式——界画，在作画时通过工具辅助，极尽精致、准确；而山水画则以自由、写意为最高追求。并且这两者常有在同一作品中得以共同体现的例子，从中可见中国传统文化中对于建筑的严谨秩序和山水的挥洒自然之间的不同要求（图3-2）。

而在现实的建成环境中，这两者同样是中国文化中关于理想住居形态最为重要的原型。也就是说，理想的居住环境，既应该有组织，有秩序，并且这种建成环境的秩序应当和社会的秩序有某种契合关系。同时，这种理想的居住环境还应该包括自然的要素，使居住者产生离世隐逸的意境。这两种看似相对立的情境，共同构成了中国文化中的理想住居情态。

① 罗伯特·芮德菲尔德．农民社会与文化：人类学对文明的一种诠释[M]．王莹，译．北京：中国社会科学出版社，2013：93.

因此能够看到，在中国传统建筑中展现出对建筑和园林景观几乎同等的重视。其中，建筑被赋予体现秩序的职能，其单体尺寸、形态、群体的组织方式，均要服从于整体的秩序，不应出现逾制之处。同时，在整个城市环境中，建筑一般会主动与城市形成和谐的关系，而不会在形象上刻意突出自己，往往表现为相对单调的立面或者墙体。在建筑单体的形态上，也往往趋向于朴实甚至单调的做法。但是，在建筑内部，园林（自然山水景观的象征）的营造则着意追求精致、奇巧的意趣。通过这种方式，对秩序的追求和对自然的追求被完美地组织在一起，“匠人营国”的原型与“世外桃源”的原型在同一个建成环境中得到了表达。

一个很能体现中国知识阶层这种矛盾心理的说法是“小隐隐于野，中隐隐于市，大隐隐于朝”。这个说法是对传统读书人在两种原型之间摇摆不定心态的最好写照：生活情趣和个人修养要求他们摆脱凡俗、追求山水之乐与个性的解放，但同时又无法放弃经世济民的理想或者成就功名的欲望，因此往往不自觉地去追求某种“两全其美”的中间状态。而在实际中，很少有读书人在有其他选择的情况下会去选择“隐于野”，而“隐于朝”显然又不是每个人都能够做到的。因此，对大多数人来说，“隐于市”成为一种比较现实的选择。白居易曾经写过一首名为《中隐》的诗[①]，来表达对介于“丘樊太冷落，朝市太嚣喧”之间的“中隐”生活方式的赞许。作者诗中描述，虽然显得无奈，但却是传统时期大多数知识分子的现实选择，正如陶渊明的“采菊东篱下、悠然见南山”的前句“结庐在人境，而无车马喧”一样。而对于“隐于市”的“中隐”来说，又如何体现其“山水之乐”呢？在住宅庭院中营造微缩自然山水的园林无疑是对这种诉求的回应。从这个意义上来讲，合院式的住居形态和住宅庭院中精心营造的私家园林，作为入世的与出世的人生态度的妥协，作为对秩序与自然追求的复合体，就成为“中隐”行为所对应的最佳的空间形态原型。

“匠人营国”的秩序理想和“世外桃源”的自然理想代表了中国传统文化中对理想化建成环境的要求，也代表了中国文化中两条最重要的精神线索（儒家思想和道家思想）在建成环境中的体现。而在实际中，正如一个生活在中国传统社会中的人不可能仅仅受到儒家和道家思想其中之一的影响——即使他们自己宣称这一点，集体无意识的影响也必然会在其经验、知识和心理的层面留下烙印一样，几乎也不可能有实际建成环境中的建筑单纯地按照上述两种理想化倾向的其中之一来付诸于实现。即使是最为强调秩序表达的建

① “大隐住朝市，小隐入丘樊。丘樊太冷落，朝市太嚣喧。不如作中隐，隐在留司官。似出复似处，非忙亦非闲。不劳心与力，又免饥与寒。终岁无公事，随月有俸钱。君若好登临，城南有秋山。君若爱游荡，城东有春园。君若欲一醉，时出赴宾筵。洛中多君子，可以恣欢言。君若欲高卧，但自深掩关。亦无车马客，造次到门前。人生处一世，其道难两全。贱即苦冻馁，贵则多忧患。唯此中隐士，致身吉且安。穷通与丰约，正在四者间。”

图3-3　秩序与自然之间
（来源：王新征　绘制）

筑（例如宫殿或者坛庙建筑）其中也必然会有园林等倾向于自然的部分；同样的，即使是纯粹用于游赏的园林，其中也必然会有建筑的元素，并且这些建筑往往在园林整体的秩序组织中占据着重要的地位，这也是中国庭院园林的典型特征之一。事实上，实际建成环境中的所有建筑，都是摇摆在极端化的秩序理想与极端化的自然理想之间，在这两者之间的某个位置确定自己的定位，并且使这种定位成为自身区别于其他建筑的最重要的特征之一（图3-3）。

同时，对待自然、对待院落中的自然的态度，特别是如何看待院落的人造自然与真正的自然之间的关系，也影响着园林营造的具体形式。在一些建筑传统中，倾向于用更为人工化的手法来塑造园林的景观形态。在这里，"人工化"也许不是一个好的说法，毕竟，作为建成环境的一部分，无论庭院的具体设计如何，都是人工手法的一种形式而已。因此，更为准确的说法是用一种更为"建筑化"的手法来对待庭院景观，在园林的"人造自然"和真正的自然之间形成明确的对比关系。在这种思路中，园林在更大程度上被视为建筑的一部分——以植物、水体等自然要素按照建筑的要素组织原则建立起来的建筑体量和空间。这一类型的典型例子是法国古典主义时期的园林设计。而这种视园林为建筑的组成部分胜于视其为自然之物的态度，在西方的建筑传统中是有着悠久的历史渊源的。

相对地，在中国的传统建筑中，从来没有过这种将景观建筑化的做法，尽管园林景观仍然不是真正的天然状态的自然而是人工精心设计的产物，但园林的自然意义是始终得到强调的。所不同的是，在一些例子中，园林中的自然被视为外部自然的有机延伸，采用对外部自然模仿的手段营造外部自然在建筑中的替代之物。在另一些时候，园林中的自然并不是去模拟真实的自然环境，而是希望在方寸之地中营造高山大川的意象，园林景观被当做大的盆景来对待，园林中的自然成为更宏伟的真实自然的微缩体现。例如园林中叠山理水的"一池三山"模式就是这种微缩自然观念的典型代表。

在更大尺度的聚居模式方面，在真正意义上的隐于山林受到客观条件限制较难实现的情况下，乡村实际上成为隐逸生活的现实模式，成为真实建成环境中的"世外桃源"。在中

图3-4 安徽休宁岭脚村村口
（来源：王新征 摄）

国传统文化中，乡村不仅仅是一种聚居模式或是产业模式，更代表了一种居于山水田园之间的空间理想，代表了一种脱离行政管制和市井喧嚣的隐逸生活。而聚落的入口，作为聚落与外部世界的连接之处，就成为理想世界与现实世界的交汇点。入口空间既满足交通和防卫的功能性需求，也与聚落的安全感、领域感和归属感等精神意义密切相关。同时，聚落的入口作为桃花源意象塑造中最为重要的空间节点，其文化意义和美学意义也一直得到充分的重视（图3-4）。

在对防御性极度强调的环境中，聚落入口的营建主要体现界分内外、强化防御的功能性原则。而当防御的功能弱化时，聚落入口的空间组织则更多地表达领域感、归属感和美学意象。“世外桃源”的空间原型，则为这种空间和美学意象的表达确立了标准。事实上，陶渊明的《桃花源记》不仅讲述了一个关于隐逸的故事，同时也为隐逸行为的空间需求确立了蓝本：“缘溪行，忘路之远近。忽逢桃花林，夹岸数百步，中无杂树，芳草鲜美，落英缤纷，渔人甚异之。复前行，欲穷其林。林尽水源，便得一山，山有小口，仿佛若有光。便舍船，从口入。初极狭，才通人。复行数十步，豁然开朗。”这段描述实际上为作为真实建成环境中“世外桃源”的乡土聚落的入口空间的营建制定了明确的原则：逆水而上、林木或地貌的遮蔽、空间尺度的收放，行进序列中的景观变化。实际建成环境中的聚落入口营建，均或多或少地遵循了上述原则的某个或某几个方面。而作为这些原则最为彻底体现的，则是徽州、浙中等地乡土聚落中的水口空间。

水口的概念源于传统的观念，指的是聚落水系的起始和结束。聚落水系与外界的连接，包括进水口和出水口，但聚落营建中的水口通常指的是出水口，如明代缪希雍《葬经翼·水口篇十》中说：“水夫口者，一方众水所总出处也”。按照水口营建的本意，通常距离聚落有数百米的距离，聚落初始营建时，水口和村口一般是分离的，但有些聚落随着规模的扩大，也会出现水口、村口合二为一的现象。因此，事实上水口所划定的，并不是聚落建成环境的实际边界，而是心理边界和美学边界。出于“世外桃源”空间意象营造的考虑，聚落的营建者们在水口处筑坝、修堤、挖塘、架桥、植树，修建塔、阁、楼、亭、牌坊，使水口空间无论是在功能层面、美学层面还是文化层面，都成为聚落空间系统真正意义上的起点（图3-5、图3-6）。

图3-5　安徽祁门桃源村水口廊桥
（来源：王新征　摄）

图3-6　安徽歙县唐模村水口檀干园
（来源：江小玲　摄）

第4章　美学精神

这里所指的美学精神，是关于审美的价值取向与观念，影响着从视觉艺术到实用艺术的各个审美范畴。审美文化的来源复杂，涉及地域自然与社会环境多方面因素。传统时期，社会结构稳定，人与人之间的交往模式相对单一，因此审美文化主要受到所处社会阶层和群体的影响。同时，对于营建活动相关的审美问题来说，高密度居住条件下对公共性与私密性关系的认知、对待模仿与创新问题的态度，也是建成环境美学特征的重要影响因素。

4.1　人群、阶层与审美

对于中国传统社会来说，农民阶层是最重要、同时也是最庞大的社会阶层和群体，但这个群体在审美上的独立性和主动性一定程度上是值得怀疑的。实际上，自宋代以降，决定中国社会审美取向的群体或者说文化主要来自于三个方面：官僚阶层、文人阶层和商人阶层。

作为一个大一统观念贯穿历史绝大部分时期的社会，官僚阶层的文化与审美取向代表了一种官方的、正统的价值观念。这种以儒家文化为主、同时混杂了法家等思想源流的文化观念，以“秩序”作为核心的价值取向，强调将社会置于一种有序、可控的状态之下。就其审美理念而言，则注重等级、秩序等观念，视建筑为社会关系、社会等级的一种体现。就其在建筑领域的影响而言，最为显著的无疑是建筑等级制度的确立和推行。而就实际的建成环境来说，最集中的体现则是各个时期的官式建筑体系，其中又尤以宫殿建筑表现得最为突出。

文人阶层的文化同样以儒家思想为终极价值标准，但相对于官僚阶层文化完全的入世取向，文人文化则融合了道家思想中的自然主义，表现为一种出世的、对自然山水心向往之的心态。在审美理念上强调朴素、自然、不事雕琢，于艺术中表达山水之乐。文人审美在建成环境中最为典型的体现是私家园林。同时，自宋代开始，文人士大夫阶层在中央集权政府的官方意识形态中占据了重要的地位，其文化、心理和审美情趣相应也对官方主流文化具有重要的影响力。从这个角度来说，文人阶层的审美和官僚阶层的审美之间存在着复杂的交织关系。

商人阶层的文化作为一种重要的独立文化形态的形成则要晚至宋代，明清时期虽又恢复至重农抑商的局面，但社会对商业活动的需求使商人阶层仍然保持了作为重要社会阶层的地位。商人文化在审美心态上趋向于开放、务实，同时也经常表现出急于模仿或自我证明的倾向，反映出其摇摆于自信和自卑之间的社会心态。在实际的建成环境中，商业阶层的文化和审美趣味主要体现在富商的宅邸建筑当中，在传统社会晚期伴随着跨地域商业的发达而兴起的会馆等建筑类型中也有较为明显的体现（图4–1）。

图4–1　四川崇州元通古镇广东会馆
（来源：王新征　摄）

从对传统建筑形制及其建造技术体系的具体影响来看，官僚文化的影响总体接近于官式建筑中对待建筑的材料、结构和围护体系的态度，例如强调木结构体系的正统性和规范性，墙体的承重意义、围护意义和饰面意义均受到压制；文人文化强调一种内敛的审美表达，例如白色混水墙体以及清水砖墙中的干摆做法均显示出这种审美文化的影响；商人文化则将建筑视为一种财富积累的体现，倾向于较为直白甚至夸张的审美表达。

从地域来看，官僚阶层的审美文化在王朝的政治中心及其周边地区的影响力最强。例如明清时期的北京，传统社会晚期长期作为王朝政治中心，在很大程度上影响了北京乃至整个京畿地区的文化性格。一方面，受统治阶层文化影响，重宗法制度、伦理纲常、社会秩序，建筑等级制度森严，格局形制严谨规矩，且少有规模特别宏大者。另一方面，在民众心态上表现出强势文化的乐观、自信，建筑上则体现出平和、从容的心态，布局上开阔、疏朗，形式上内敛、适度。文人阶层审美影响力最强的是江南地区，江南经济的长期繁荣促进了文化的发展，加之南宋和明初政治中心的集聚作用，造就了江南地区文化的昌明。不仅科举入仕者在全国范围内占据很高的比重，民间整体的文化素养亦达到相当高的水平，绘画、音乐、戏曲等艺术形式均非常发达。这一方面进一步促进了手工业和营造技艺水平的提高，另一方面也在很大程度上决定了江南乡土建筑的文化性格和审美取向。文人文化和审美不仅对民居建筑的营建产生了直接的影响，更促进了江南地区私家园林的兴盛。商人阶层审美文化影响体现得最显著的则是传统社会晚期商业较为发达的地区，例如晋中、徽州等地因明清两代商业发达，文化上受商业文化影响较大，为聚落格局和乡土建筑带来了不同于传统农耕文明条件下血缘型聚落的特征（图4–2~图4–4）。

同时必须强调的是，基于社会系统和文化系统的复杂性，并不存在单纯受到某种单一审美文化影响的地域、建筑类型或建造体系。事实上在大部分地区，上述三种审美文化都是

图4-2　北京梅兰芳旧居院落
（来源：王新征　摄）

图4-3　江苏无锡惠山古镇潜庐
（来源：王新征　摄）

以一定的方式相互影响和交融，并且与地域的自然地理、技术经济和社会文化环境彼此作用，共同构成了多样性的地域建筑审美系统。以徽州地区为例，宋代以来，徽州地区文化昌明，程朱理学的奠基人程颢、程颐、朱熹祖籍皆在徽州，理学对徽州文化影响很大，并产生了地域性的理学学派——新安理学。理学的兴盛，一方面强化了徽州社会对宗族血缘和伦理纲常的重视，另一方面也奠定了徽州地区耕读传家、崇文重教的传统。徽州人不但重科举，其商业文化亦讲求与儒家文化的结合，形成独特的“儒贾”和“红顶商人”文化。这种商业文化与耕读文化的结合，在很大程度上决定了徽州乡土建筑的文化性格和审美取向（图4–5）。

图4-4　山西晋中静升镇王家大院
（来源：王新征　摄）

4.2　密度、私密性与家庭观念

除了社会秩序、文化精神和集体心理层面对于整个审美文化和建筑形式的意义可能产生较大影响的因素外，一些更加现实的原因也同样影响着人们对于美学和形式问题认知和理解的方式，这些原因可能来自于自然地理或者资源经济方面。在这里，仅列举一个最为典型、同时也是与中国传统城市、聚落与建筑关联较大的例子来加以说明，即中国传统社会的人口规模以及居住密度，以及与之联系密切的私密性与家庭观念。

图4-5　安徽歙县许村高阳桥、双寿承恩坊、大观亭
（来源：王新征　摄）

由于统计口径上的原因（传统时代不可能有今天这种精度的人口普查，史书中记载的人口数多是来自于官方统计的纳税人口，与实际人口间有不小的出入），今天很难得到关于传统时代各个时期中国人口的准确数字。但总体上来讲，自从战国时期农业技术的快速发展以及农耕制度的完善开始，除了少数大规模战乱、灾荒、瘟疫时期外，中国的人口一直处于快速的增长中。一般认为，汉朝的全国人口高峰时期保守估计约有超过5000万人，约占当时世界人口的1/5左右，到了北宋时期，这个数字可能超过1亿，而明代的人口峰值被认为达到了1.5亿左右，到了清末则超过了4亿。这个巨大的人口基数奠定了中国城市与建筑发展的一个基本的背景，即相对密集的居住环境。这种情况在每个朝代的中心城市中体现得尤为明显，唐长安城的人口被认为达到百万，其后每个朝代都有人口不低于这个数字的城市。在住宅模式没有选择向多层化发展的情况下，这种人口规模实际上对城市和聚落的建筑密度提出了很高的要求。在这样的背景下，中国传统居住建筑普遍采用的合院形态，特别是强调内向性的合院形态，实际上是一种高密度和拥挤状态下的居住模式选择。

对安全性和私密性的主张是建筑最重要的心理意义之一。在安全性可以通过技术手段和社会关系手段来解决从而替代建筑所提供安全性的同时，建筑所提供的私密性解决方案却很难被其他方式所替代。一直到今天，建筑的空间组织和界面设计仍然是提供基本的生活私密性的主要手段。因此，不同文化传统中对私密性和开放意识的不同态度会在建筑形态中明显地体现出来，在合院形态中这一点有明显的体现。

私密性的意义部分源自于生理上与生俱来的安全性要求，同时也与社会文化所带来的羞耻意识有关。而后者在不同的文化传统中程度和意义不同，表现的形式也有差别。例如在当代西方社会中，私密性主要体现为身份以及个人隐私事务（工作、收入等）方面的私密性，而非身体上的私密性。在东方社会中则正好相反，身体的私密性始终在私密性问题中居于最重要的位置，而在西方人看来属于个人事务的一些内容则是可以在公共场合谈论的。对于身体私密性的强调使得东方世界对居住空间中隔绝外界视线的要求看得更为重要。因此，对于东方人来说，理想的居住模式永远是内向性的，为了私密性甚至可以放弃景观的需求。这是传统东方世界居住建筑中更倾向于采用合院形式的主要原因之一。

另一个例子是，在当代西方社会中，个人是社会的基本组成单位，而在东方世界这一位置则是被家庭所取代。家庭作为个人与社会中介的存在，缓和了公共性和私密性的冲突。这使得东方建筑中私密性空间和公共性空间之间的边界处于模糊和暧昧的状态。在家庭内部，成员之间彼此的私密性大多数情况下并不受到重视。相应地，家庭公共空间和私人空间之间的界限也不被刻意地强调，空间的通用性和可变性程度都较西方的住宅空间来得更高。这在一定程度上影响了对居住空间中私密性和公共性的清晰界定，形成介于两者之间暧昧不明的灰色地带。这种灰色地带在居住空间中占有相当重要的地位，是很多家庭公共活动和交往活动发生的场所。并且在很多情况下，人们更乐于在这样的空间而不是那些住宅之外公共性更强的空间中进行交往活动，合院式住宅中的院落正是这种半私密空间的典型代表。

即使在东方世界内部，不同的文化传统也会造成不同的隐私意识。例如与中国相比，日本文化中的隐私意识也有所不同，特别是在家庭内部成员之间的身体隐私性更加不受到重视。这一定程度上也影响着日本和中国居住建筑中对待私密性问题的不同态度。

不同的家庭观念所导致的不同隐私意识会对居住空间的形式和意义产生影响，但这远远不是家庭观念对建筑地域性影响的全部。事实上，在中国传统时期，家庭观念是合院式民居得以产生和发展最为根本的原因之一。合院形态所建立的“屋子-院落-聚落/城市”的三级空间结构体系，正是家庭成为个人与社会的中介所形成的“个人-家庭-社会”的三级社会结构在空间领域的完美映射。相应地，不同文化传统中家庭结构和家庭观念的差异，也会表现在住宅的合院形态之中。

家庭结构最显著的差异是小家庭与大家庭（家族）之间的差异。小家庭（核心家庭）的居住模式对居住空间没有太高的要求，从合院式住宅到独立式住宅，甚至面积足够的集合住宅都可以很好地满足居住的需要。但对于大家族聚居的居住模式，所面临的问题要复杂得多。既要保证大家族的总体等级秩序，又要保证各个小家庭居住条件的基本平等；既要满足家族内部交流和公共活动的需要，又要满足小家庭的私密性需求。对于这种复杂的功能和心理需求，合院式的组合形式无疑是最佳的解决方式。所以能够看到，在西方世界，很早就确立了以小家庭为主的居住形态，因此虽然合院式的居住形态也曾经在西方的居住历史中存在，但并没有形成稳定的心理和文化意象，或者说合院式的建筑原型并没有和“家”的意象联系在一起。一旦有了新的更经济或更舒适的居住样式，合院式的居住模式就很容易被替代，正如今天在西方的居住空间中所看到的那样，独立式住宅、联排住宅和集合住宅基本上构成了居住样式的主体。相反，在中国的传统时期，大家族聚居模式的长期存在保证了合院式居住模式作为一种典型的同时也是最为重要的居住模式长期稳定地延续下来，并且很大程度上在合院的空间模式和“家”的心理和文化意象之间建立起稳定的联系。这种稳定的空间心理联系即使在今天中国一些快速城市化地区的现实状况已经完全不允许合院式居住形态存在的情况下仍然在一定程度上保留着。同时，除了小家庭与大家族这种家庭模式上的根本性差异之外，一些家庭观念上的细微差别也可能会影响合院形态在民居中的不同表现。

4.3　模仿、创新与地域观念

对待模仿与创新的态度是建筑形式审美中重要的问题之一。在传统时期，特别是在“没有建筑师的建筑”即乡土建筑中，对待模仿和创新的态度与当代“建筑师的建筑”之间是截然不同的。在今天，如果认为某幢建筑或者某位建筑师的设计方法是基于抄袭、模仿或者仅仅是对流行文化和式样无条件的迎合，无疑都将被视为一种激烈的批评。这部分是源自于完善的知识产权体系所引发的整个当代文化中对原创性的极度关注，也有很重要的一部分原因是来自当代职业建筑师体系的必然要求——对建筑内容和形式不断创新的追求，是建筑师支撑自身职业价值最为重要的基础。但在乡土社会“没有建筑师的建筑”的世界中，这种对创新与原创性的追求本就缺乏存在的社会和心理基础。对于乡土环境中的居民来讲，在大多数情况下保持与邻里建筑形态的一致性才是更为妥当的选择。标新立异在大多数时候是被排斥的，这几乎成为包括建筑在内的一切乡土文化的重要特征之一。对于自身地位和财富的彰显通常以更大规模的建筑群体、更高的门楼、更好质量的材料、更精美的雕刻装饰来体现，而不是形态上彻底的特异性。在这当中，一些和外界交流较多的人会谨慎地在建造中适度模仿在他们看来“更好的地方”所采用的“更好的形式”，有些时候这种模仿所造成的与邻里之间的差异会带来新的模仿行为——新的形式会成为学习对象并逐渐普及。需要强调的是，在这个过程中几乎不涉及对原创性的追求或者某种形式上标新立异的欲望，而只是一种对来自外部的理想世界（现实中的或者想象中的）中事物的下意识地模仿。

并且，在传统时期，这种重视延续、模仿而排斥原创性的心理不仅存在于乡土聚落中，在官方文化中也有类似的例子。清代皇帝在北京的皇家行宫和承德的离宫中修建了大量模仿江南园林的园林和建筑景观。例如颐和园的谐趣园摹仿无锡寄畅园，承德离宫中的文园狮子林摹仿苏州狮子林，其余诸景也多仿自江南。园林之外，皇家寺庙的建造也大多参照现成的蓝本进行，例如承德的皇家寺庙之中普陀宗乘之庙仿拉萨布达拉宫，须弥福寿之庙仿日喀则扎什伦布寺，等等。乃至晚期受西方建筑文化传入影响，圆明园更是集模仿与融合之大成。理解了这种建筑传统中根深蒂固的摹仿情结，我们也许就会对今天村镇自建住宅中白瓷砖、蓝玻璃等材料的滥用所造成的对传统建筑风貌的破坏保持更为宽容的态度，这实际也是一脉相承的对于“外面的”“更好的”事物摹仿式的追求而已。这种对待创新与摹仿的态度实际上是形成传统城市和聚落中建筑形态的协调性的主要原因之一。而在建筑师的创作过程中，创新性成为首要的追求，即使来自于对同样的建筑原型意义的理解，建筑师也会尽量在创作中赋予这种原型以不同的形态。因此，在这个过程中，“陌生化”常常成为对待原型的主导方式。

此外，还有一点应该提的是，自觉意义上的“地域意识”或者说对“地域性”问题的关注并不是天然存在的，而是近代以来伴随着民族国家的形成才逐渐成为一种较为清晰的观念，并且由于对全球化背景下文化趋同的警惕才得到越来越广泛的关注。在传统时期的绝大多数时间里，类似当代这样对建筑建造和审美过程中“地域性”问题的特别关注并不存在，因此乡土建筑的建筑形式和建造技术体系中外来输入性要素的普及并不存在特别的阻碍。

第5章　地域共性与特性

地域概念具有多种含义，这种多义性首先体现在其不同的尺度。当谈论中国建筑与西方建筑的比较时，地域的意义存在于文明的尺度之上；当德国和法国的建筑作为比较对象时，地域的意义大约等同于国家；当讨论中国各地民居的差异时，地域指的是被地理和民族等要素划分的地理区域；在更小的尺度上，讨论一座山之隔的两个村子建筑的差异在地域性的研究上仍然是具有意义的。

因此，当针对某一具体尺度的时候，地域性就会体现为外在与内在两个方面。从外在地域性的角度看，在与其他地域建筑的比较中，地域性更多地体现为一种独特性和差异性；而在地域内部，内在的地域性则体现为统一性和整体性，尽管在地域内部进一步细分的区域之间同样会存在差异，但当将地域视为一个整体与其他地域进行比较时，通常更关注其共性的方面。

具体到中国传统建筑的研究方面，当中国建筑与其他文明中的建筑比较时，是将中国建筑视为一个整体，忽略它内部的差异性，而着重研究它与其他文明中建筑相比较的独特性。而将中国各地域建筑之间的比较作为研究对象时，关注的则是这些地域之间的差异性。

从中国传统地域文化的特征来看，一方面，域内各地之间自然地理和社会文化条件的巨大差异造就了地域建筑极大的丰富性。另一方面，大一统的政治观念与不间断的经济和文化联系又使得地域间的建筑文化与技术存在着持续性的彼此影响。因此，今天所看到的复杂而多样化的传统建筑形态，并非是在彼此隔绝的、世外桃源式的环境下自然产生和演化出来的，而是地域之间文化彼此作用，并与地域的自然地理和社会资源状况互动和融合的结果，这构成了理解中国传统建筑地域性的基本语境。

5.1　传统建筑地域性的影响因素

首先，需要讨论传统建筑地域性的来源问题，也就是说，哪些自然地理或社会文化要素在地域性的形成中起到了更为重要的作用。总体上看，自然地理和资源因素作为影响历史进程的长时段要素，在地域性的形成中发挥着最为基础性的作用；而中国传统社会中文化因素对技术因素一定程度上具有的支配性，以及乡土建造活动中较为严格的成本限制使得经济和社会文化因素对地域性的形成也有着不可忽视的影响。

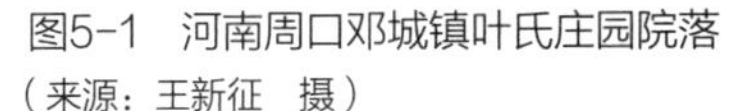

图5-1　河南周口邓城镇叶氏庄园院落
（来源：王新征　摄）

图5-2　安徽祁门渚口村倪望重宅天井
（来源：王新征　摄）

5.1.1　气候因素

气候的差异是建筑地域性最本质的来源之一。例如，解决大规模建筑群体的采光和通风问题是中国传统建筑中合院式的群体组织形态特别是天井类型的合院形成的主要原因之一，因此不同的日照条件和通风要求会显著地影响建筑群体的形态。一般来说，在冬季气温较低，对建筑获得自然光线有较高要求的地方，建筑的排列会较为疏朗，院落的平面尺度较大，剖面高宽比较小。反之在阴雨气候较多，直射阳光对室内环境改善意义有限的地区，院落趋向于狭小高窄，在潮湿气候中的通风意义大于采光意义。在这种情况下，建筑群体通常表现为多个狭小的天井式院落的组合，而不是一个大的集中式院落（图5–1、图5–2）。而不同的降水条件对屋面坡度的影响对于将屋顶形式作为重要形式特征的中国传统建筑来说更是建筑地域性几乎最为重要的影响因素之一。

同时，气候还会影响建筑实体与外部空间之间界面的形式，中国传统建筑中面向院落的建筑界面趋向于透明的状态，只有在温带和热带地区室外温度总体上比较适合人类活动的情况下才能够存在。各地传统建筑之间，由于气候所导致的对界面开放性的不同要求，会显著地影响建筑材料和墙体构造的选择。例如在砖与木材的选择方面，只要具有一定的厚度，砖墙在密闭性上要优于传统建筑中常见的由木材和纸构成的开放性界面，这通常也意味着更好的隔热性能。但同时，砖材相对较高的导热系数和较低的比热容也会对建筑室内热环境产生负面影响。因此，在室外温度的舒适性较差的地区，传统建筑中会倾向于更多地采用砖砌墙体代替小木作墙体。这一点体现在气温较为温和的中部地区与寒冷的北方和炎热的岭南对比中，在安徽、江苏这样南北方向跨越气候大区的省份也表现得非常明显（图5–3、图5–4）。

图5-3　江苏无锡祝大椿故居院落内围护界面
（来源：王新征　摄）

图5-4　江苏徐州户部山古建筑群院落内围护界面
（来源：王新征　摄）

图5-5　四水归堂
（来源：王新征　摄）

图5-6　广东连南南岗古排
（来源：王新征　摄）

此外，一些气候因素会逐渐被赋予某种文化意义，并且影响建筑的形式和意义。比如在中国南方的一些多雨地区，水被赋予了象征财富的意义，从而发展出被称为“四水归堂”的合院式建筑形态，雨水通过单向的坡屋顶汇集到院落中来，寓意财富不能外流（图5-5）。

地形地貌对建造活动的影响则相对较为简单和直接。在地形陡峭的条件下，比较经济、空间利用效率也较高的建设方式是沿等高线平行展开，这也是传统山地聚落的典型形态（图5-6）。而合院式的围合形态在地形高差较大的条件下难于完整地展开，同时高差还会带来安全性和视线干扰的问题，从而使合院所具有的安全和私密意义受到削弱。当然，陡峭地形对于合院形态的排斥并不是绝对的。在一些山地聚落中，也能够看到在复杂的场地高差条件下以合院形式组织建筑群体的实例。在这样的例子中，对合院形式所具有的心理和文化意义的重视压倒了功能组织和建造方面的不便。

5.1.2　地形地貌

如果能够选择，所有的建造活动都会倾向于选择靠近水源的平坦用地，传统的观念，更是明确给出了关于城乡聚落与建筑营建理想环境的解答。但在现实中，并非所有的城市、聚落和建筑都有机会获得这样理想的场地环境。中国地形复杂多样，总体上看，山地多、平地少，高原、山地、丘陵约占国土面积的2/3。而在今天所见的传统建筑大规模营建的明清两朝，中国人口规模已较为庞大，明代人口的峰值据估计已达到1.5亿左右，清代人口在鸦片战争前已突破4亿。相对于庞大的人口基数来说，适宜居住的平坦用地总体上是较为有限的。同时，传统社会以农业为主的产业结构对营建活动也有很强的限制作用。一方面，分散的农业生产限制了聚落的规模，聚落人口增长到一定程度后，即使周边仍能够提供可供耕作的土地，也会因为与居住地距离过远而不便耕种，这就使得人口和建设用地不可能有很高的集约化水平。另一方面，对农业的重视和依赖意味着邻近水源的平坦土地要优先用于耕种，而非用于居住，这进一步限制了聚落营建的场址选择。事实上，在很多乡土聚落实例中，确实有将农田设置于平地，而将聚落设置于相邻山地、丘陵地带的做法（图5-7）。此外，也有一些聚落选择营建于山地、丘陵之间是出于主观的意愿。例如出于回避族群冲突的考虑，相关的实例在云南、贵州等地的少数民族聚落中较为多见，在一些地区的客家聚落中也有体现。又例如失意官员为规避政治风险迁族避世时，也往往主动选择交通条件较差的山地、丘陵环境。此外，在受到水患、匪患侵扰较为严重的地区，也有将聚落营建于地势较高处以增强防洪或防卫能力的做法（图5-8）。

因此，总体上看，传统时期选择山地、丘陵地形营建的做法并不少见。固然可以认为选

图5-7　山西吕梁彩家庄村聚落环境
（来源：王新征　摄）

图5-8　江苏徐州户部山古民居，为避黄河水患择高处营宅
（来源：王新征　摄）

择依山傍水、交通便利、土地肥沃的环境营建聚落是传统营建文化中相地择地传统的体现，代表了一种趋利避害、顺势而为的文化观念，但从另一个角度来看，在受到自然条件限制的情况下，充分利用有限的空间资源，最大限度地满足基本功能需求和空间环境质量，也是传统文化中因地制宜、物尽其用观念在营建活动中的体现，并且往往更能体现营建者的巧思。事实上，今存的山地环境乡土聚落中，也有很多建筑与地形巧妙结合的优秀实例，既满足了基本的功能和空间需求，也充分体现了山地环境的特点与优势。同时，中国传统建筑总体上以一层或二层为主，高度不大，因此城市、聚落天际线整体景观效果通常较为平淡，而山地聚落通过建筑与山地、丘陵等自然地势的结合，大大丰富了建筑群体性体量表达的内容，具有更为强烈的视觉表现力（图5-9）。

5.1.3 水文、植被与矿产

除了气候和地形的影响之外，其他自然地理因素也会影响建筑的地域特征。例如地势平坦、临近河湖的地区，更容易成为建筑形制和建造技术发达的地区。在传统时期，实际上几乎所有城市、聚落的选址和营建都需要考虑到水的影响。发达的水系能够为农业生产提供稳定的灌溉水源；同时在传统社会的交通技术和基础设施水平下，水运是大宗货物最为便捷和低廉的运输方式，因此河网密布、水运发达地区的乡土聚落不仅仅能够成为交通往来的要道和商贸集散的中心，同时也能更充分地享受到技术和文化交流的成果；此外，对于营建活动来说，一方面，水上运输为木材、石材、砖瓦等建筑材料的跨地域低成本快速转运创造了条件，另一方面，砖瓦等建筑材料的烧造本身也需要消耗大量的水，从而无法远离河湖地区。作为上述诸种因素综合作用的结果，无论是在南方还是北方，东部还是西部，河湖水系都会直接地影响城市、聚落和建筑的选址与营建（图5-10）。

图5-9　北京门头沟爨底下村山地聚落
（来源：王新征　摄）

图5-10　广东澄海程洋冈村聚落与水系
（来源：王新征　摄）

图5-11　贵州黔东南南贵村西江千户苗寨穿斗式板屋
（来源：王新征　摄）

植被、矿产等资源条件对传统建筑地域性的影响则主要体现在建筑材料以及对应的建造技术系统的选择方面。例如在森林资源丰富的地区，易于获取、成本低廉且便于加工的木材或者竹材很容易占据优势，从而使穿斗式板屋、竹楼甚至井干式木屋成为压倒性的地域建造技术体系（图5-11）。同样的，在石材易于开采加工、天然性状适于建造的地区，石砌建筑也存在着成为具有压倒性优势的建造技术体系的潜力。再比如，传统时期砖瓦烧造所需的燃料，或者来自易于开采的浅层煤矿，或者来自于植物。在由于环境所限严重缺少植物性燃料、传统时期又未能有效利用矿物燃料的地区，很难形成成规模的砖瓦生产，自然也就不会有乡土建筑中对砖的有效使用。

5.1.4　技术经济因素

与气候、地形地貌等自然地理因素相比，技术经济因素对营建活动地域特征的影响显得不那么恒久而稳定，但在特定的时间和空间范围内可能会表现得更为激烈，并且其影响同样也体现在传统建筑营建活动的各个层面。

首先，地域的生产力与社会分工水平会在很大程度上制约建筑建造技术体系的选择，例如在传统时期的技术水平条件下，砖瓦烧造是消耗巨大的产业，与民居建造过程中木、土、石等材料的加工可以依靠少数工匠加上邻里之间的互助来完成不同，砖材生产较高的前期投

图5-12　广东顺德碧江村职方第砖砌墙体与砖雕
（来源：王新征　摄）

图5-13　广东连南南岗古排民居砖砌墙体
（来源：王新征　摄）

入、复杂的工艺流程和严格的技术要求都决定了它必须依靠专业或至少是半专业的生产组织。因此，在地域的生产力水平和经济结构无法支持较高程度社会分工的情况下，制砖产业的规模和质量就很难得到保证，砖在建筑中的使用就会受到限制。

其次，在各地乡土建筑的视觉形态中，也可以明显看出地域经济水平和技术水平的影响。江南的长期富庶、山西与徽州的商业资本聚集、闽粤的宗族聚居与侨商反哺，在积累了大量社会财富的同时，也造就了地域乡土建筑形制和建造技术体系的发达。建筑材料的质量、建造技术体系的整体发展水平以及木雕、石雕、砖雕等装饰技艺的发达，无不建立在社会财富和人力成本的大量消耗之上。反之，严格的成本限制则往往导致乡土建筑形制和建造技术的粗糙、简单和单一化（图5-12、图5-13）。

再次，地域的交通运输条件对营建活动也会有显著的影响。便捷的交通使建筑材料能够在一定范围内运输，对于促进建筑材料质量的提升和类型的多样化具有重要意义，并进而提升了对应区域内建造技术的发展水平。关于这一点，一个典型的例子是传统时期沿大运河展开的一系列的砖瓦烧造中心和砖砌建筑及其建造技术的核心分布区。在传统社会的信息传播条件下，交通运输状况是决定一个地区封闭与开放程度最为重要的原因，具有良好交通条件的地区会与外界有更为充分的文化与技术交流。交通便捷、与周边地区特别是经济、文化上领先地区联系密切的区域，输入性的建筑形式和建造技术更容易替代原发性的建造体系，并在一定范围内形成带有相当程度共性的建造技术类型。关于这一点，一个极端的例子存在于福建、广东等地传统社会晚期以来因海运便利而持续受到外来建筑文化影响的沿海区域，其建筑类型和建造技术体系表现出与邻近的内陆区域较大的差异。

最后，地域的产业结构对于营建活动的影响不如前面的原因那样直接，但其意义同样不可忽视。一方面，相对于传统时期正统的农耕社会，商业社会心态的开放程度、对新事物的宽容程度以及对沟通与交流的渴望要强的多，同时商业活动所带来的人员流动对于建筑文化和技术的传播也有直接的影响。因此，商业在整个社会经济结构中所占比重较高的地区，相对来说更容易受到输入性建筑形式和建造技术的影响。这一点在山西、徽州等明清时期商业发达的地区表现得非常明显，其乡土建筑形制和建造技术体系的特征，明显受到了其商业活动的主要对象区域（对于前者来说是京畿地区，对于后者则是江南地区）的建筑文化和建造技术的影响。同时，商业社会的开放性也表现在建筑审美表达上更为开放、大胆而直接的态度。在乡土建筑中往往体现为建筑群体规模的宏大、建筑形式和建造技术选择的不拘一格以及木雕、石雕、砖雕等装饰技艺使用的大胆甚至夸张。另一方面，手工业在社会经济结构中的地位以及工匠的组织模式显然也会对营建活动的水平和形式有所影响，关于这一点的一个典型例子是元明时期匠户制度对当时建造技术发展的影响。

5.1.5　社会文化因素

中国传统时期的建筑领域里，技术的发展在很多时候并不具备独立的地位，而是受到社会文化因素的压制，技术本身更多地被视为实现某种文化诉求的手段而非目的。因此，对于传统建筑的地域特征来说，社会文化因素的影响同样不可忽视。

例如在政治制度方面，一般来说，一种政治制度所涵盖的范围不限于某一特定地域，在中国传统政治和文化中“大一统”观念一直被视为主流的情况下尤其如此。但在传统时期的交通和资讯条件下，由于与统治中心区域的距离、交通联系、地缘政治、治理模式、地域文化等原因造成的差异，不同地域对统治中心的官方主流文化的认同和接受程度是有很大差异的。这种差异性会在很大程度上影响乡土建筑及其营造体系与官式建筑之间的关系，并且鉴于在中国传统建筑体系中官式建筑所具有的重要地位和影响力在很大程度上影响甚至决定乡土建筑建造体系的发展方向。关于这一点，一个最为显著的例子是，木结构建筑在中国传统时期是一种压倒性的建筑体系，对所有其他建造技术体系都产生了排斥作用，但这种排斥作用仍随着受官式建筑影响的强弱而有所不同：明清京畿及周边地区的乡土建筑中，与官式建筑建造体系的状况相类似，土、石和砖总体上被视为一种辅助性建筑材料，并不具有可以与木材并列的地位和重要性。硬山搁檩、檐墙承重等砖承重结构方式一般都是被用在厢房等次要建筑中，作为一种独立结构体系的合法性并未得到认可。在同样作为传统官方文化中心的江南（江南地区虽然在明初后就不再作为国家的政治中心，但基于历史和文化向心性的原因，其作为官方文化中心的地位一直不逊于京畿地区）及周边地区同样也是如此。而在东南、华南沿海官方文化影响较为薄弱、同时受外来建筑文化影响较多的地区，则表现出与官式建造体系之间更多的差异性。砖在整个乡土建筑建造体系中的重要性较之官式建筑有明显的提升，砖的结构意义开始得到重视，硬山搁檩作为一种独立结构样式的意义被普遍接受，从而可以在建筑中较为重要的部分使用。除此以外，这种差异还体现在乡土建筑的材料体系、围护体系、饰面体系、施工工艺以及装饰性细部等各个方面，在远离统治中心的地区都表现出与官式建造技术体系更明显的差异（图5-14）。

图5-14　广东遂溪苏二村民居
（来源：王新征　摄）

另一个重要的影响存在于地域性的审美文化之中，例如官僚阶层、文人阶层、商人阶层作为主导性的审美主体对于地域建筑审美文化的影响，关于这一点，上一章已经进行详细阐述，此处不再赘述。

5.2　地域间的过渡、交融与融合

在有关传统建筑地域性的问题上，严格地确定对象分布的地理界域是非常困难的。不同建筑类型之间的边界很少能够表现为一条精确的线（这种情况仅存在于少数极端的自然屏障所划分的区域之间），而是一个模糊的边界地带。表现在实际的建成环境当中，就是类型之间的模糊、影响、渗透和交融。追溯造成传统建筑特别是乡土建筑形制及建造技术类型之间的过渡、交融与融合的原因，既有人口流动所带来的直接影响，也有文化、技术由于其他各种原因发生的传播。

5.2.1　自然地理的影响

对于建筑文化与建造技术传播相互影响的分析，仍须首先着眼于长时段的影响因素。其中特别需要关注的是，在传统时期，有哪些自然地理方面的原因使地域之间建筑文化与建造技术传播的相互影响成为可能。

中国所处亚欧大陆东部、太平洋西岸的地理位置，位于四周天然屏障形成的相对封闭的区域中：东面是海洋；南面地形复杂，同时热带雨林的地貌在传统生产条件下是很难通行的障碍；西面是隆起的山地和高原，只有少数山口可供通行，至今仍是东亚与南亚次大陆之间的天然屏障；北面则是广袤的草原和荒漠。而相对于四周难以逾越的自然屏障来说，除了少数边疆区域，内部的各地域之间并无绝对的地理分隔，特别是在作为文明发祥地和传统时期主要人口聚居区的大河流域之间，没有来自于自然原因的大的障碍。

这种地理状况导致了一系列的结果。一方面周边的地理屏障使传统时期的中国文明与周边的其他文明（例如印度文明、阿拉伯文明、日本文明等）之间一直缺乏持久而稳定的有效交流，因此中国文化在历史进程中总体上较少受到外来文化的影响，保持了相对稳定的发展方向。一个例子是中国和印度这对邻居，双方之间交流的存在是毫无疑问的，并且这种交流带来了非常重要的结果——印度给中国带来了印度历史上最为重要的宗教之一。但即使是这样，在距离和复杂地形的阻隔下，二者的交流也是非常不稳定的，以至于玄奘法师往返于印度的经历被描绘成《西游记》中那样充满妖魔鬼怪和艰险磨难的旅程。并且，玄奘的历险行为得到经久的流传并被各种文学作品和民间传说广泛传颂的状况，本身也说明了这样的行为所具有的稀缺性。另一方面，内部各地域之间相对便利的沟通条件促进了地域之间的交流，也强化了官方主流文化对地域文化的压制和渗透。

因此能够看到，尽管在中国的各个地域都保留了一定特色的居住文化、建筑形态和建造技术类型，但总体上，这种独特性比起其共同点来说是有限的。并且，在特定地域的乡土建筑形制和建造技术体系形成的过程中，文化之间、地域之间的交流往往发挥着相当重要的作用。一直到今天，在徽州民居、雷州民居、黔中屯堡民居、大理白族民居等乡土建筑类型的建筑形态和建造技术体系中，都还能够明显看出地域之间的建筑文化交流所带来的影响。因此，诚然不能否认气候、地形地貌等自然地理条件和基于不同生活方式的社会文化差异所造成的地域之间乡土建筑差异的恒久性和稳定性，但同时也不能过分夸大这种地域差异对建筑形态和建造技术体系的影响，以至于将不同区域富于特色的建筑形态和建造技术体系的形成完全视为地域差异的产物。

5.2.2　大传统与小传统的相互影响

传统时期中国疆域内部各地域之间相对便利的沟通条件促进了地域之间的交流，也强化了官方主流文化对地域文化的压制和渗透。而作为结果表现出来的，则是与中国政治上一直存在的大一统观念相对应，中国传统文化也表现出这种大一统的趋向。

同时，强有力的中央政府的存在一直在强化这种趋向。一方面，中央政府在交通和信息基础设施方面的投入使进一步突破地理界限有了物质上的基础。秦统一六国之后就有了秦直道的建设，其后历代在驿道和以驿站为核心的信息传递体系上均有大规模的投入。其初衷主要是为了政令传达和军事调动的需要，但在客观上确实促进了地域之间在人员、信息、技术和文化上的沟通与交流。而类似大运河这样的大型交通工程更是从根本上改变了黄河流域到长江流域之间的地理空间格局。除了使得地域之间文化和技术的传播更加便捷之外，从最为直接的角度看，这些交通基础设施上的巨大成就也在很大程度上影响着建造行为：工匠和材料在地域之间的快速低成本转运成为可能，从而使得基于资源和技术条件的地域性在一定程度上受到冲击。《天工开物》中记载："若皇家居所用砖，其大者厂在临清，工部分司主之。初名色有副砖、券砖、平身砖、望板砖、斧刃砖、方砖之类，后革去半。运至京师，每漕舫搭四十块，民舟半之。又细料方砖以甃正殿者，则由苏州造解。其琉璃砖色料已载《瓦》款。取薪台基厂，烧由黑窑云。"①可见明代皇家建筑所用的砖，至少来自临清、苏州和北京三地，并且其运输方式已经制度化（"每漕舫搭四十块，民舟半之"）。事实上，明清以来大运河沿线多个地域砖砌建筑形制的高度发达和砖作建造技术体系的成熟完善，与大运河的便捷水运交通对流域内资源、技术与文化的整合有着密切联系。

另一方面，在大一统的政治观念的驱动下，自秦统一六国后，废分封而设郡县，并由中央政府任命和派遣地方首长，之后的历代政府都很重视从制度上维持国家的统一，防止地方的割据与分裂。这些制度客观上也促进了中央与地方之间以及地域之间的交流。特别是隋代以后，科举制度在很大程度上促进了知识阶层从地方向中央持续性的流动。同时，官员异地为官、任期轮换、"退而致仕"的退休制度以及叶落归根、归隐田园的文化观念，与科举制度一起，构成了中央与地方之间以及地域之间人员流动的完整循环，从典章制度方面进行强制化的人员流动并进而促进了中央与地方之间以及地域之间的交流。尽管制度所涉及的官员和知识分子阶层在社会总人口数量中所占的比例很低，但在传统社会条件下，这部分人却是影响甚至决定社会文化和审美取向的主导力量。因此，上述人口流动对中央与地方之间以及地域之间文化交流和技术交流的影响要远远超过其人口数量所占的比重。此外，明代等朝代实行的藩王制度，也成为向地方传播官方文化的重要渠道。藩王的府邸等相关建筑，均严格遵循官式制度，一定程度上成为民间了解和学习官方建筑形式和建造技术的范本。②

在传统建筑的形制和建造技术方面，这体现为官式建筑的形式和建造做法对乡土建筑的影响，除了京畿及周边地区外，这一点在其他很多地域的乡土建筑中也有明显的体现。以山西为例，晋商虽然不像徽商那样重视读书致仕，其家族中直接做官者相对较少，但晋商的经营无论是在明朝还是清朝都是在与中央政府的密切联系中进行的，具有更为浓厚的"官商"色彩。特别是作为晋商经营核心的山西票号，对当时金融业的垄断离不开政府的默许和支

① 宋应星．天工开物译注．潘吉星，译注．上海：上海古籍出版社，2008：193.
② 柯律格．藩屏：明代中国的皇家艺术与权力．黄晓鹏，译．郑州：河南大学出版社，2016.

持。因此，相对来说晋商与当时中央政府的关系更为密切。相应地，其社会文化和审美情趣也更加受到官方主流文化的影响。这一点也深刻地体现在山西地区乡土建筑的建筑形式和建造技术体系中。

不仅在汉族文化圈内部中，与汉族有一定交流的少数民族区域也同样如此。例如云南大理地区的白族民居，其形式近似于汉族地区的合院式民居。规整的院落，严谨而富于意义的平面组织，相对封闭的界面，砖土混合墙体，以及和中原地区汉族所采用的非常接近的装饰样式等。这种相似性来自于白族的历史。作为民族共同体意义上的白族产生于南诏国（公元738~937年，大致相当于中原的唐代）时期，在南诏至大理国（公元937年~1254年，大致相当于中原的宋代）时期作为国家主体民族其力量达到了顶峰。大理国被元吞并之后大理皇族仍被元朝统治者任命治理云南，这种情况一直维持到了明代。明朝中央政府加强了对云南地区的控制，打压原住民文化，同时推动汉族移民进入云南（主要以军屯的形式）。在这个过程中，一方面移民的涌入使得白族的人口数量被稀释；另一方面，面对外来的强势文化，白族人接受了主体民族地位的丧失，并且对新的文化采取了主动迎合的态度。相应地，白族民居的形态和建造技术也受到同时期汉族建筑特别是官式建筑的影响，在其后的时期中一直作为大理白族民居的主导样式流传至今（图5-15）。

因此，今天所看到的复杂而多样化的乡土建筑形态及其建造技术体系，并非在彼此隔绝的、世外桃源式的环境下自然产生和演化出来的，而是地域之间文化彼此作用并与地域的自

图5-15　云南大理周城村白族民居
（来源：王新征　摄）

然和社会环境条件互动和融合的结果。在这当中，除了地域文化的“小传统”之外，官方主流文化的“大传统”也起到了不可忽视的作用。甚至可以说，中国乡土建筑之最高成就者，不是存在于大传统所不及之处，而恰恰是大传统与小传统充分交流的产物。

5.2.3　人口迁徙造成的技术交流

人既是建筑的使用者，也是建筑美学、建筑文化与建造技术的直接载体。人口的迁移以最为直接的方式带来建筑文化与建造技术的传播和交流。尽管移民来到新的地域后，其建造活动会受到当地的资源条件、气候条件、地形地貌、技术水平以及文化习俗的制约，因此很难完全复制原有的建造体系，但移民在长期的生产生活和建造实践中积累起来的生活智慧、建造经验和审美意识，仍会持续地对建造行为产生影响。这种移民带来的外来建造文化与地域环境条件互相作用的结果，会在不同程度上影响地域原有的建造系统——或者带来全新的建筑形式和建造技术体系（尽管通常也需要对地域的环境条件作出妥协），甚至替代原有的建造系统；或者仅仅表现为对原有建造系统的修正；又或者（在大部分情况下）实现两者的交汇与融合。

对于集中体现传统建筑地域性的乡土建筑来说，今天所见的遗存主要建造于明、清及民国时期，在此只需考量明代以来移民活动对各地乡土建筑形制及建造技术的影响。

明代最大规模的移民发生在明初时期，一般称“明初大移民”或“洪武大移民”，宋金战争、宋元战争以及元代末年的战乱中受到影响较大、人口稀少、土地荒芜的地区，这个时期成为人口主要的流入地区。具体的人口流动方向主要包括：南京作为首都接纳的政治性移民、驻守卫所的士兵及其家属；从浙江等地迁往南京的“富民子弟”和工匠；从苏南、浙北向南京、淮扬、苏北、江淮、皖北地区的移民；从山西向河南、河北、山东和淮北地区的移民；从江西向皖中、皖北、湘南、湘中、湘东、湖北地区的移民；从湖北向四川的移民等。[①]“靖难之役”后，由于华北地区在战乱中的破坏以及首都的北迁，形成了以江南富户、工匠、山西、山东移民填充北京、河北地区为主的“永乐大移民”。[②]此外，明代中期的“流民运动”，流民的来源主要来自于山东、陕西、山西等地，“流民起义”之后主要安置于荆襄、汉中、河南南部等地区。[③]

到了清代，尽管政府对人口流动实行严格的控制，但人口迁移的现象却更趋于普遍和常态化，主要原因包括：西南地区开展大规模“改土归流”（废除少数民族区域的世袭土司制度，改由中央政府任命的流官进行行政管理）后，汉族人口开始较大规模地迁入少数民族地

① 曹树基，等．中国移民史（第5卷）．福州：福建人民出版社，1997：20-320.
② 曹树基，等．中国移民史（第5卷）．福州：福建人民出版社，1997：321-366.
③ 曹树基，等．中国移民史（第5卷）．福州：福建人民出版社，1997：375-401.

区；雍正朝普遍实行"摊丁入亩"（将丁银并入田赋征收，即废除人头税，并入土地税）后，客观上削弱了国家对农民人身的束缚；新的农作物如玉米、番薯、马铃薯等的广泛传播和种植，扩大了可利用土地的范围，使得原本气候、地形复杂的丘陵、山地都成为移民垦殖的对象。在此基础上，清代主要的大规模人口流动事件包括：清代前期的湖广（包括来自湖南、湖北、广东、江西和福建的移民）填四川，因张献忠、吴三桂等变乱损失惨重的四川地区人口得到了补充，[①]这部分移民的一部分也进入到毗邻的陕南、鄂西、湘西、云贵等地区；[②]东南（江西山区、湘东、浙江和皖南）的"棚民运动"和客家人的迁徙；[③]闽、粤向台湾、雷州及海南的移民；[④]太平天国运动后苏南、扬州等受战争损失严重的地区得到了河南、湖北和苏北移民的补充，[⑤]浙江、皖南等地也有同样的情况发生；[⑥]以及关内向辽东地区的移民等。[⑦]

大规模的人口迁移必然导致建筑形式和建造技术的传播与交流。具体地说，明清两代移民运动所带来的影响主要体现在如下几个方面：

首先，移民大大加快了技术交流和扩散的进程。这既包括卫所、军户、匠户等政府主导下的人口制度与人口流动的影响（除了促进地域间的交流外，也一定程度上形成了官式建筑与乡土建筑之间的技术沟通渠道），也包括民间自发的人口迁徙所带来的技术交流。

其次，在一些移民来源地域和目的地域之间，能够看到乡土建筑形制和建造技术体系相同或相似的情况。特别是在存在大规模持续性移民的地域之间，能够明显看出建造技术流布的路径。以空斗样式砌筑的封火山墙为例，其主要分布地域包括江西（以及相邻的浙西、闽北等地）、徽州、皖中、湖南、湖北以及四川省的汉族地区等，这一分布区域与明清两代从江西向安徽、湖南、湖北以及从湖广向四川的持续性的移民大趋势基本相符。据此可以推断，对于此种建筑形式和建造技术的传播，存在一条与上述移民路径相对应的技术流布路线。并且，从传播途径上各地乡土建筑中空斗墙体的具体形式和建造技术细节中，也能够大体上推断技术本地化的状况，即移民带来的技术是如何与地域的自然和社会环境条件相互影响、并形成同一来源下各具特色的地域乡土建筑类型与建造技术体系。以徽州民居为例，其封火山墙的形式和空斗砖墙的砌筑技术与江西、湖广地区非常类似。但在具体的形式上，由于徽州地区人口稠密，聚落防火的要求

① 曹树基，等. 中国移民史（第6卷）. 福州：福建人民出版社，1997：68-118.
② 曹树基，等. 中国移民史（第6卷）. 福州：福建人民出版社，1997：119-173.
③ 曹树基，等. 中国移民史（第6卷）. 福州：福建人民出版社，1997：174-315.
④ 曹树基，等. 中国移民史（第6卷）. 福州：福建人民出版社，1997：316-399.
⑤ 曹树基，等. 中国移民史（第6卷）. 福州：福建人民出版社，1997：414-435.
⑥ 曹树基，等. 中国移民史（第6卷）. 福州：福建人民出版社，1997：435-469.
⑦ 曹树基，等. 中国移民史（第6卷）. 福州：福建人民出版社，1997：477-481.

图5-16　江西婺源西冲村民居
（来源：江小玲　摄）

图5-17　江西宜春万载县田下古城郭绿阴公祠
（来源：杨绪波　摄）

更高，对封火山墙的作用更为重视，使用频率更高。同时高密度聚落肌理下多个方向马头墙的组合形式，也形成了令人印象深刻的视觉效果，成为徽州民居最显著的特征之一。此外，上述移民与技术传播路线上诸地域的乡土建筑中，大多采用了清水砖墙的样式，而徽州民居则使用了白色混水砖墙，并以此作为地域乡土建筑重要的风格特征（图5-16）。从明清徽商的活动看，这一特殊性应该与受到江南区域文人审美情趣和建筑风格的影响有关，体现了地域间建筑风格和建造技术的杂交与融合。同样的，在闽、粤向台湾、雷州及海南移民路径上的诸区域间，也同样显示出乡土建筑建筑风格与建造技术的传播、融合与变异。又如江西万载县，自清康熙以后，持续性地接收来自闽、粤和赣南地区的客家移民。从今存的万载地区的乡土建筑来看，确有受到上述地区影响的例证，特别是对红砖的使用，明显体现了闽南地区乡土建筑建筑风格和建造技术的影响（图5-17）。

再次，伴随着“改土归流”后民族地区行政治理模式的变化，以及新的农作物的广泛传播和种植，汉族人口开始较大规模地迁入，新的建筑形式和建造技术也随之传播到少数民族地区。尽管一些丘陵、山地地区的原料、燃料、水源及交通条件未必适合新的建筑形式，并且当地通常存在业已成型的原生建造技术体系，但作为来自强势文化地区的汉族移民，很难完全接受当地原有的居住样式与建筑文化，反而是外来的建筑文化和建造技术体系在很大程度上影响了少数民族原住民。这种影响生动反映了移民过程中不同文化和建造技术体系的碰撞与融合，相关的例子在湘西的苗族聚落、粤北的瑶族聚落、云南的汉族和白族聚居区、贵州和四川的汉族聚居区等很多地区都普遍存在（图5-18）。关内向辽东地区的移民，同样也在很大程度上重塑了当地的建筑文化和建造技术体系。

图5-18　湖南湘西边城镇茶峒古镇民居
（来源：王新征　摄）

最后，必须要指出的是，移民仅仅提供了一种建筑文化和建造技术传播的可能性，这种从移民来源地到目的地的技术传播并非一定会发生。通常来讲，从文化相对强势地域向文化相对弱势地域的移民，较容易伴随技术的传播。移民抱有文化优越的心理，促使其倾向于保持原有的建筑文化和建造技术体系，而不是采用所移居地域的建造系统。同时，移居地的原住民，出于对外来强势文化的向往或屈从，也更倾向于接受外来的建造体系。上述明清时期江西、江南、闽粤、山西等地向其他地域的移民，大多带有从当时的文化相对强势地区向外迁移的特征，因此所伴随的建筑文化与建造技术的扩散也表现得较为明显。反之，在从文化相对弱势地区向相对强势地区的移民中，移民更倾向于接受移居地的建造系统，同时其原有的文化和技术体系也较难对移居地产生影响。这一点的例子可见于太平天国运动后受战乱影响较小的河南、湖北和苏北地区向苏南、扬州、浙江、皖南等地的移民中，移民的建造系统几乎完全为当地原有的建筑文化和建造技术体系所同化，而较少保留自身原有的特征。

5.2.4　工匠流动带来的技术传播

在人类历史的早期，乡土建筑的建造者和使用者是同一的，建造活动并没有成为一种专门化的工作。这种依靠居住者自建和互助合作建造的方式至今在一些偏远的聚落中仍然存在。随着建筑形制和建造技术的日益复杂化，以及社会分工水平的整体提高，建造活动逐渐独立出来，产生了职业化或半职业化（仍部分从事农业生产）的工匠和专业化的民间建造组织。在初期阶段，乡土工匠和建造组织的工作范围仅限于自身所在的聚落，这一方面是由于建造组织的规模小、技术力量薄弱，半职业化的执业方式也无法完全摆脱土地的束缚；另一方面也是因为交通和信息水平的普遍落后。其后，伴随着地域之间交通和信息联系的日趋便捷，以及乡土建造组织规模、技术水平、职业化程度的提高，其执业范围也逐渐扩展，从单一聚落到周边聚落，再到跨县域、跨省域的建造活动。到传统社会后期，大型民间施工组织的执业范围已经扩展到全国。其中的杰出者例如苏州的“香山帮”，甚至已经超出了民间建筑的范畴，成为很多重要皇家建筑的设计和建造者。

乡土工匠和民间建造组织的跨地域执业，一方面使其自身的职业视野和技术水平能够在一定程度上超越一时一地的局限，适应更大范围内的自然和社会环境条件；另一方面，工匠在执业过程中，也不可避免地受到自身经验的局限，特别是成长和早期职业学习时期所处地域的地域文化、建筑形式和建造技术，往往会在其整个职业生涯中发挥持续性的影响。因此，工匠异地执业的建造活动成果，往往既不是完全按照当地既有的建筑形式和建造技术，也非其原有知识和技术体系的简单移植，而是表现出二者的杂交与融合。而随着工匠执业范围的扩展，地域性的建筑形式和建造技术也逐渐扩散开来。

在元明以来传统建筑建造技术扩散、交流与融合的过程中，工匠的流动所起到的作用大致体现在如下几个方面：

首先，在元明时期建造技术特别是砖砌建筑的迅速发展中，外来的色目人工匠起到了重要的作用。他们一方面带来了中亚、西亚地区业已成熟的砖砌建造技术，另一方面也常被任命为重要的官吏或技术顾问。这些域外工匠和管理者的实际参与，对城市建设和建筑建造的风气带来了迥异于传统的影响，从而使得传统上已经发展得非常成熟、完善的木构建筑之外的建筑类型和建造技术体系获得了发展的契机。同时元代实行“匠户制度”，将手工业者编为世代承袭的“匠籍”，蒙古军队占领一地后，即将当地工匠编入匠户，集中起来加以役使，隶属于统治者专用的手工业机构。这在加强了地域之间建筑文化和建造技术交流的同时，也造成很多地方工匠缺乏，绵延千百年的建造传统遭到了极大的削弱，客观上使得新的建筑文化和建造技术更容易得到接受。这也是造成元明时期砖砌建造技术在乡土建筑中迅速普及的原因之一。

其次，伴随着大规模移民运动发生的工匠流动，是移民造成的建造技术扩散与交流的重要载体。其中既包括政府主导的移民运动，也包括民间自发形成的移民活动。明初的洪武大移民中，有大批的工匠被迁入京师（南京）；其后明成祖北迁，这些工匠中的很大一部分又随之迁往北京。顾炎武的《天下郡国利病书》中记载：“维高皇定鼎金陵，驱其旧民而置之云南之墟，乃于洪武十三等年，起取苏、浙等处上户四万五千余家，填实京师，壮丁发各监局充匠，余为编户，置都城之内外，爰有坊厢。上元坊厢原编百七十有六，类有人丁而无田赋，止供勾摄而无征派。成祖北迁，取民匠户二万七千以行，减户口过半，而差役实稀”[①]记述了洪武大移民和永乐大移民时期政府有计划地迁移工匠的情况。这种大规模的工匠流动，对于明代建造技术的扩散与融合起到了重要作用。在对工匠的管理方面，明代延续了元代的匠籍制度，将部分工匠纳入匠籍，“世役永充，子孙承袭”[②]，成为官营的手工业者。其中就包含木匠、瓦匠、土工匠、石匠等建造工匠，归属工部营缮所管理。据记

① 出自《天下郡国利病书·江宁庐州安庆备录·江宁府·坊厢赋役》。顾炎武．顾炎武全集13．上海：上海古籍出版社，2011：889.

② 白寿彝，主编．王毓铨，分册主编．中国通史．第9卷中古时代．明时期（上册）．上海：上海人民出版社，2004：795.

载，明代的匠户分两种："住作匠"和"轮班匠"。前者定居于京城，后者则居住于京城以外。各地轮班工匠按照丁力和路途远近，按三年一班（后来又按工种分为一年一班、两年一班、三年一班、四年一班和五年一班），轮流赴京服役，时间为三个月，役满更替。"夏四月丙戌朔，定工匠轮班。初，工部籍诸工匠，验其丁力，定以三年为班，更番赴京输作三月，如期交代，名曰'轮班匠'，议而未行。至是，工部侍郎秦逵复议：'举行量地远近以为班次，且置籍为勘合付之，至期赍至工部，听拨免其家他役，著为令。'于是诸工匠便之。"[①]轮班匠的制度，更是进一步打破了地域的藩篱，促进了地域之间、特别是官式建筑与乡土建筑之间的技术交流。而民间自发形成的移民活动伴随的乡土工匠和民间建造组织的流动，也同样促进了地域之间建造技术的交流。周忱的《与行在户部诸公书》中记载："其所为豪匠冒合者，苏、松人匠，丛聚两京。乡里之逃避粮差者，往往携其家眷，相依同往。或创造房居，或开张铺店，冒作义男女婿，代与领牌上工，在南京者，应天府不知其名；在北京者，顺天府亦无其籍。粉壁题监局之名，木牌称高手之作。一户当匠，而冒合数户者有之；一人上工，而隐蔽数人者有之。兵马司不敢问，左右邻不复疑，由是豪匠之生计日盛，而南亩之农民日以衰矣。"[②]即描述了当时民间工匠流动和从业的情况。其影响如《中国古代建筑史　第四卷：元明建筑》中所记载："明代工匠制度的另一变化就是明初洪武年间开始实行的工匠南北流动制。这一制度促进了砖结构技术的南北交流与提高。明代无梁殿外观为北方风格，但在细部装饰上又带有南方做法，营建匠师则多为晋、陕地方人。"[③]

再次，清康熙以后，政府将工匠代役银并入田赋中征收，同时废除了匠籍制度，使手工业者对政府的人身依附关系大大减弱。其时跨地域的商业活动已经相当发达，因此国家的控制甫一放松，手工业工人的流动立刻变得频繁。与其他手工业行业相比，建造工匠与地域的联系更为密切，但异地执业的情况也已经非常普遍。与之前工匠的流动基本依附于政府的控制和大规模的移民运动不同，这一时期之后的工匠流动更多地基于自发的执业活动，因此从文化强势、技术先进地区向文化弱势、技术落后地区技术输出的意味也就更加明显。同时，这一时期新的生产关系形式已经逐渐形成，一些大的民间建造组织开始从原始的合作化形式向雇佣制过渡，技术传播与商业活动的关联相应也变得更为紧密，因此重要的商业城市往往也成为技术输出的中心，其建筑形式和建造技术具有更强的辐射能力。这一点的例子可见于

① 出自《明太祖实录·卷一七七》. 明实录. 中央研究院历史语言研究所，校. 中央研究院历史语言研究所影印本，1962：2684.

② 出自《明经世文编·卷二二　王周二公疏·与行在户部诸公书》. 陈子龙，等，编. 明经世文编. 北京：中华书局，1962：174.

③ 潘谷西，主编. 中国古代建筑史　第四卷：元明建筑. 北京：中国建筑工业出版社，1999：457.

南方长江三角洲、珠江三角洲地区和北方晋中地区传统民居建筑形式和建造技术所具有的影响力。

最后，在今存的传统建筑中，有一些明显体现了工匠的流动所带来的建造技术传播与扩散。在官式建筑方面，明代苏州香山工匠蒯祥主持了北京紫禁城诸多重要建筑的施工，曾官至工部侍郎。在很大程度上，蒯祥与同时期及其后苏州香山帮工匠的工作将江南地区的地域性建造技术带到了北京，对京畿乃至整个华北地区官式建筑和乡土建筑建造技术体系的发展产生了长远的影响。在乡土建筑方面，云南北部存在着从东部昆明等汉族地区向西北部的丽江、迪庆等地区的技术传播路线，而其核心则是白族工匠的活动。白族工匠将云南和周边省份汉地的建造技术，带到大理白族地区，并进而传播到西北部的纳西族和藏族聚居区，这一点至今仍可见于昆明、大理和丽江地区乡土建筑形式的相似性和过渡之中（图5-19~图5-21）。

图5-19　云南大理喜洲镇民居
（来源：王新征　摄）

图5-20　云南丽江海西村民居
（来源：王新征　摄）

图5-21　云南丽江兴文村民居
（来源：王新征　摄）

5.2.5　战争与商路的影响

在节奏平缓、渐进发展的传统农业社会中，战争和商业属于变动激烈的要素。战争和相关的军事活动对于乡土社会来说属于突发性事件，并且通常体现为来自外部的、不可抵抗的强制力量。商业活动的繁荣尽管需要时间的积累，但相对于静态的农业生产，商业力量的冲击对地域的影响也会在较短的时间内产生效果。同时对于乡土社会来说，商业活动也属于具有一定强制性的外部力量。

在对地域之间乡土建筑形制和建造技术

过渡与交融的影响方面，军事和商业力量的作用主要体现在如下两个方面：

首先，由于战时的避祸和战后损失人口的填补，元末战争、靖难之役、太平天国运动等战争，造成了大规模的人口流动，从而使得地域之间的建筑技术彼此交流与融合，关于这一点，前文中已有详细论述。同样地，伴随商业的繁荣而日益便捷的交通运输条件对于地域之间建筑文化和建造技术的交流也起到了重要的作用。

其次，戍边卫所的设置与军卫的调动，是地域间建筑形式和建造技术传播与扩散的重要途径之一。明洪武年间初创了卫所制度，卫所遍布全国，其中北方边疆（辽宁、河北、内蒙古、山西、陕西、甘肃、宁夏等）、西南边疆（四川、云南、贵州等）和东部海疆（胶东、浙江、福建、两广等沿海地区）地区设立的卫所，均具有戍边性质。明代卫所军士皆划为世袭的军籍，由国家分给土地，屯田自给。且按明代前期制度，军户不在本地卫所从军①。清雍正朝改土归流以后，也在西南云、贵地区屯垦。综上所述，卫所并非纯粹的作战部队，而是涵盖了防卫、治安、屯垦、建设等综合职能，其人员配备中工匠占有相当的比重。鉴于戍边卫所的功能本来就是基于扩张与镇压，其文化强势的意味是非常明显的。因此，卫所相关建筑的形式通常不会采用其戍卫区域的原生建筑形式，而是更为接近官方主流文化区域或军卫兵员地区域的建筑形式，并按照戍卫地域的环境条件和防卫功能的需要做出相应的调整。典型的例子如贵州安顺市的屯堡建筑，建筑的外围护墙体基于就地取材的便利和防卫的需要使用了石材，但建筑合院式的平面格局以及院落内部立面的材料、结构和构造方式，都沿袭了江南文化区民居建筑的特征。

在商业方面，跨地域的商业活动同样是地域间建筑形式和建造技术传播与扩散的重要途径之一。商业活动通常以区域或全国范围内的经济发达地区为中心，这些地方往往同时也是技术进步、文化昌明之地。因此在商业交往的过程中，从经济、技术、文化中心向外的技术传播往往也自然地伴随发生。明代历史上著名的山西商人、徽州商人、江西商人和苏松（苏州、松江）商人，其活动对相关地域的乡土建筑建筑形式和建造技术皆有影响。以徽州商人为例，他们一方面将其商业活动的主要目的区域（江南地区）的建筑形式（例如对白色混水墙体的偏爱）和建造技术带回徽州地区，另一方面又将融合发展后的建筑形式和建造技术体系扩散到周边的皖中、浙西、湖广等地。又如今内蒙古呼和浩特、包头等地留存的乡土建筑，其形制和建造技术明显受到了山西商人“走西口”的商业活动的影响。此外，伴随着跨地域的商业活动还会产生一些新的建筑类型，其建筑形式和建造技术往往也呈现跨地域和混合性的特征，例如商人在异地修建的带有同乡组织和工商业组织性质的聚会场所——会馆（图5–22）。

① 曹树基，等. 中国移民史（第5卷）. 福州：福建人民出版社，1997：7.

图5-22　河南洛阳山陕会馆山门
（来源：王新征　摄）

下篇

营造之器

第6章　材料

材料构成了营建活动的物质基础，对材料的选择是营建活动的第一步。同时基于传统社会的生产力发展水平和交通运输条件下建筑材料与地域的自然地理、资源经济和社会文化因素之间的密切联系，材料的差异也是传统时期建筑地域性的基础性要素和最重要的内容。

另一方面，构成建筑的空间界面（包括地坪、垂直围合界面以及顶面）的材料会显著影响界面的色彩、纹理和质感。虽然这不会改变形状、尺度等更为基础的空间属性，但是却与建筑的美学特征、意义表达以及场所感的塑造密切相关。对于乡土建筑来说，这也是其地域性和乡土意象的主要来源。

另一个重要的因素在于，材料不仅影响了建筑的视觉特性，还在很大程度上决定了界面的触觉感受。坚硬的或是柔软的，光滑的或是粗糙的，冰冷的或是温暖的，不同的触觉体验会显著影响建筑空间的场所感受，很多时候对于场所记忆的形成来说甚至比视觉更为重要。此外，建筑空间内的听觉体验一定程度上也受到界面材料的影响。

此外，在关于中国传统建筑所使用材料的讨论中，将结构材料和围护材料明确地分开是有必要的。与后者所呈现出来的丰富性和地域性相比，前者无疑表现出更多的地域共性。甚至可以说，正是基于这种木框架结构占据绝对主体地位的状况，才能勾勒出中国传统建筑作为一个整体性概念的基本特征。

6.1　结构材料：木与其他

与中国传统建筑相比，在西方文明、伊斯兰文明、印度文明等主要建筑传统中，传统建筑一个最为显著的特点是，砖石砌体承重结构得到了普遍的使用。实际上，从整个历史时期看，采用砖、石材料的砌体承重结构在上述文明的传统建筑中长期占据着建筑承重体系的主流。这与中国、日本等东亚传统建筑一直以木结构作为主流结构形式形成了鲜明的对比。关于造成这一差异的原因，研究者们已经给出过很多解释，例如李允鉌在《华夏意匠》一书中就曾归纳了一些具有代表性的观点，这些观点分别从自然环境和地理因素[①]、经济因素[②]、社会制度因素[③]等方面解释了中国建筑最终选择木结构作为主要结构形式的原因。李允鉌进而在反驳这些观点的基础上提出了自己的论点，将原因归结为中国古代木结构技术的发展成熟[④]，同时认为宗教与世俗观念的差异对此也有影响[⑤]。这里无意去分辨上述观点的对错高下，因为任何建筑体系的发展和完善都不可能是单一因素作用的结果。

因此，在此倾向于认为，东西方建筑之间在结构材料和承重体系上的差异是上述诸种因素综合作用的结果，而非单一要素影响下的产物。这并非是一种敷衍的做法，而是来源于本研究中对传统建筑营造技术问题一以贯之的认识：传统建筑的功能、空间、形式与营造技术特征，是在很长的历史时期里，地域的自然地理、资源经济、社会文化要素以及外来的技术与文化因素交互作用的结果。其中，在特定时间段内也许曾经有某个因素曾起到主导作用，但从较长的时间尺度上来看，上述诸种要素的作用对于传统建筑特征的形成都是不可或缺的。那么，对于上述结构材料和承重体系的差异产生的原因，可以认为下列因素的作用是不可忽视的：

首先，从动机的角度看，如前文中所述，中国传统社会中缺少对建筑的永恒性和纪念性的追求。这种纪念性与永恒性追求的缺失无疑使砖石建筑丧失了其最为重要的存在理由——木材在恒久性方面显然比石头要差得多。

其次，前文提到过，在意识形态和政治文化方面，中国的官方主流文化中一直存在着弱

① “建筑学家刘致平在他所著的《中国建筑类型及结构》一书中说：‘我国最早发祥的地区——中原等黄土地区，多木材而少佳石，所以石建筑甚少。’李约瑟的看法就不一样，他认为，‘肯定不能说中国没有石头适合建造欧洲和西亚那样子的巨大建筑物，而只不过是将它们用之于陵墓结构、华表和纪念碑（在这些石作中经常模仿典型的木作大样），并且用来修筑道路中的行人道、院子和小径’。”李允鉌．华夏意匠——中国古典建筑设计原理分析．天津：天津大学出版社，2005：29.

② “建筑师徐敬直在他的英文本《中国建筑》一书中说：‘因为人民的生计基本上依靠农业，经济水平很低，因此尽管木结构房屋很易燃烧，二十多个世纪来仍然极力保留作为普遍使用的建筑方法’。”李允鉌．华夏意匠——中国古典建筑设计原理分析．天津：天津大学出版社，2005：29.

③ “李约瑟把问题联系到中国奴隶社会的制度上面来了，他指出‘也许对社会和经济条件加深一点认识会对事情弄得明白一些，因为据知中国各个时期似乎未有过与之平行的西方文化所采用的奴隶制度形式，西方当时可在同一时候派出数以千计的人去担负石料工场的艰苦劳动。在中国文化上绝对没有类如亚述或者埃及的巨大的雕刻‘模式’，它们反映出驱使大量的劳动力来运输巨大的石块作为建筑和雕刻之用。事实上似乎还没有过更甚于最早的万里长城的建筑者秦始皇帝的绝对统治，毫无疑问在古代或者中世纪的中国是可以动员很大的人力投入劳役，但是那时中国建筑的基本性格已经完成，成为已经决定的事实。总之，木结构形式和缺乏大量奴隶之间多少是会有一些相连的关系的。’”李允鉌．华夏意匠——中国古典建筑设计原理分析．天津：天津大学出版社，2005：30.

④ “大概，中国建筑发展木结构的体系主要的原因就是在技术上突破了木结构不足以构成重大建筑物要求的局限，在设计思想上确认这种建筑结构形式是最合理和最完善的形式。因此一切客观条件影响之说都不能成为真正成因的理由，大半都经不起认真的分析。”李允鉌．华夏意匠——中国古典建筑设计原理分析．天津：天津大学出版社，2005：31.

⑤ “中国的历史和西方的历史有一个显著不同的地方就是中国任何时候都没有发生过神权凌驾一切的时代。一本西方的建筑史其实就是一本神庙和教堂的建筑史，这是显而易见的事实。这个问题似乎是中国建筑的发展和西方建筑的发展有原则性分别的基本原因……在整个长期的历史发展过程中，中国人坚持木结构的建筑原则相信与此有很大的关系。”李允鉌．华夏意匠——中国古典建筑设计原理分析．天津：天津大学出版社，2005：33.

化建筑特别是居住建筑存在感的价值取向。“卑宫室”的观念是阻止中国建筑特别是宫殿建筑采用砖石材料、追求高大体量和华丽外观的重要因素之一，使中国传统建筑的发展最终走向了以水平向度扩展为主要模式的发展方向。在这种水平向扩展的大前提下，木结构建筑相对于砖石建筑在结构强度和耐久性上的劣势被忽略，而在开放性、灵活性、可变性和建造成本等方面的优势则凸显出来。

再次，以合院式组合为主的空间组织模式进一步限制了砖石结构的普遍使用。砖石砌体承重通常会导致建筑立面更为封闭，这对于合院式空间组合的采光和通风显然都是不利的。特别是对于院落内立面来说，框架结构和纤细的木材杆件组成的轻薄通透的立面无疑凸显了院落在采光和通风上所具有的意义，同时也强化了院落与室内空间之间的联系，使院落成为整个建筑群体的功能性空间的一部分，而不仅仅作为空间之间的分隔（图6-1）。这一点在南方院落高狭的天井式民居中体现得更为明显。

此外，观念中对于生死世界的严格区分也强化了木材和砖石使用的分界。这一点部分源于砖石早期的使用倾向，部分来自于低技术条件下木材与砖石使用舒适度上的差异（对于传统文化核心区域所属的气候区来说），此外也与传统文化有关（这些因素彼此之间也有很密切的关联，阴阳五行观念中相当的部分本来就来自于对日常事物物理属性和功能属性的认知）。其结果是在技术上不存在实质性困难的情况下，砖石建筑特别是砖石承重结构在很长时间里仍然仅被用于陵墓、佛塔等亡者或者神灵的居所，正如《中国古代建筑史第二卷：两晋、南北朝、隋唐、五代建筑》一书中所言：“由于砖石结构比木构耐久、防腐，且埋于地下，自然解决了平衡推力问题，故自西汉中期以来，即用来建墓室。经东汉、三国，至西晋时已有近四百年的历史，在人的观念中又把它和墓室联系起来，认为砖石结构有塚墓气，即使这时已可建较大跨的拱和互相连通的多跨拱壳建筑，也难于突破传统成见，用于地上建筑。只有佛塔、佛寺、因本非生人所居，又欲其久

图6-1　江苏无锡寄畅园秉礼堂
（来源：王新征　摄）

存，宜于用砖石砌造。”[①]

最后但也许最为重要的一点是，丰富、易获取的木材和迅速成熟的木结构建造技术是中国传统建筑采用以木构架为主体的结构样式的物质和技术基础。关于这一点，有两个具体的因素也许在其中起到了关键作用，并在一定程度上造就了中国和西方建筑传统之间在这一问题上的分野：一个相对来说并不是过于久远的上古时期，避免了早期统治中心区域的森林资源被过早耗尽（这一点与两河流域和尼罗河流域古代时期的状况形成了对比）；而较早实现的大范围的中央集权保证了统治中心区域的森林耗尽后能够从其他地区得到有效的补充。而对于木结构建造技术的成熟和传播来说，《营造法式》等官方技术通则的颁行，更是使建造体系作为整个国家制度的一部分被确立下来，并且在政令所及的国土范围内得到推广。

6.2　围护材料：砖、木、土、石

与结构材料不同，对于围护材料，通常得到最大关注的并不是材料的力学性能，而是其形成空间界面的能力。其中一个重要的影响因素是围护界面的物理性能，包括保温、隔湿、接触时的热舒适性等等。其中，材料的导热系数和热容量直接关系到建筑室内热环境的营造，是影响建筑舒适性的重要指标。以中国传统建筑中最常用的围护墙体材料砖、木、土、石为例，从导热系数来看，普通黏土砖（传统时期使用的青砖因为不像当代制砖中普遍采用内燃技术，砖体的孔隙率低，导热系数通常比现代砖略高）大约为0.7~0.8W/（m·K），木材约为0.1~0.17 W/（m·K）、生土约为0.4 W/（m·K），花岗石约为2.68~3.35 W/（m·K），玄武岩约为2.177 W/（m·K），与之相对照，现代建筑中使用的混凝土约为1.28 W/（m·K）。从比热容来看，普通黏土砖约为0.75~0.8KJ/（kg·K），木材约为2.4 KJ/（kg·K），生土约为0.8~0.95 KJ/（kg·K），花岗石约为0.8KJ/（kg·K）0.8，大理石约为0.9 KJ/（kg·K），混凝土约为1.13 KJ/（kg·K）。从指标来看，木材的导热系数最低，比热容最高，理论上是最为优良的围护墙体材料，但中国传统建筑中木材的使用方式决定了木材围护墙体在厚度和密闭程度方面难以和砖石砌筑或生土夯筑的厚实墙体相比。同时，高密度居住条件下合院式的内向居住方式对私密性的要求以及防止火灾蔓延的需要，使得木材在大多数情况下难以成为中国传统建筑外围护墙体的成熟选择。因此，在实际的建成环境中，纯粹的木制围护墙体一般用于非居住类的殿堂、庙宇类建筑，而在居住建筑中则主要用于朝向院落的界面，或是内部空间的分隔墙体。在砖、土、石这三种在外围护墙体中应用最为普遍的材料中，生土的导热系数最低，比热容最高，这赋予了生土墙体较好的隔热能力和接触时的热舒适性，使得采用生土围

① 傅熹年，主编．中国古代建筑史第二卷：两晋、南北朝、隋唐、五代建筑．北京：中国建筑工业出版社，2001：302.

护墙体（包括土坯砌筑墙体和夯土墙体）的生土建筑通常具有较为优良的室内热环境。在各地传统建筑中，很多技术做法都是为了在一定程度上弥补和改善材料热工性能的不足，例如增加墙体的厚度来提高隔热能力和热稳定性、利用空斗墙体内部形成的封闭的空气间层来加强隔热、通过复合墙体等改良的围护墙体构造来改善墙体热工性能等。相应地，温度条件对围护墙体的隔热和热稳定性要求越高的地区，越会倾向于采取增大墙体厚度或复合墙体等措施。而在气候温和的地区，墙体单纯作为室内外分隔界面的空间意义则更为突出，其厚度和砌筑方式往往更为随意。

材料隔绝潮湿的能力也会影响室内环境的舒适性，例如砖的孔隙率中开口孔隙率的比例较高，内部很容易形成水分通道，一方面导致水通过毛细作用带来外界环境中的可溶性盐类，加剧了冻融破坏、盐类结晶破坏造成的粉化、剥落，同时也对室内环境湿度的控制带来负面影响（特别是在降水较多的南方地区），从而降低了砖围护墙体的舒适性。

此外，还有一些性能指标也会影响材料在围护墙体中的使用，例如材料的成本、施工难度和耐久度。例如在传统时期的生产条件下，相对于石材、生土等围护墙体材料来说，砖的材料生产过程更为复杂，生产设施和燃料的耗费更高，同时很多情况下更不便于就地取材，因此通常具有较高的成本，但相对来说施工的精度水平具有更好的稳定性。与砖相反，取自于本地的石材通常具有较低的成本，但对天然石材的加工和石材墙体的砌筑总体上对工匠的技术水平有更高的要求。加之远途运输的不便，使石材在大多数情况下成为一种地域性很强的围护墙体材料。除了宫殿、陵寝等对原料成本不敏感的建筑类型外，乡土建筑中石材在围护墙体中的大规模应用基本上都受到地域原料资源丰富程度的严格限制，其建造技术体系也与石材的天然形状有着高度的相关性，从而呈现出鲜明的地域风格（图6-2、图6-3）。

对于围护墙体来说，会受到碰撞、潮湿和雨水侵蚀、物理性破坏（冻融性破坏、盐类结

图6-2　贵州镇宁石头寨石砌民居
（来源：王新征　摄）

图6-3　云南丽江玉湖村石砌民居
（来源：王新征　摄）

晶破坏等）、化学性破坏（碱化破坏等）、生物性破坏（白蚁、木蜂、攀援植物的破坏等）等破坏性因素的威胁，造成墙体的碎裂、腐蚀、粉化、剥落（图6-4）。抵御这些因素破坏的能力构成了围护墙体材料的耐久性。耐久性不仅在很大程度上影响了维修周期和维护成本，而且从总体上看，在整个建筑寿命周期内的绝大部分时间里，围护墙体的美学效果也会受到耐久性的制约。无疑，在上述四种主要材料中，石材的耐久性最好，砖也具有较好的耐久性。即使不考虑经过特殊烧制工艺和表面处理的昂贵的砖材品种（例如“金砖”），仅就普通砌筑用烧结黏土砖而言，其耐久性在传统民居常用的围护墙体材料中也要好于木材和生土，而仅次于石材。

图6-4　墙体表面的侵蚀
（来源：王新征　摄）

需要注意的是，在中国传统建筑的围护墙体中，使用多种材料混合、复合建造墙体的做法非常普遍，这种做法有效地利用多种材料的优势，来改善围护墙体的热工性能和耐久性（图6-5）。

6.3　材料的美学、文化与诗意

另一个影响材料在围护墙体中应用效果的重要因素是材料的表观特征，即材料作为围护界面饰面层的特征。在这个方面，土虽然是应用最为普遍的墙体围护材料，但却很少被视为一种理想的饰面层。除了其自身耐水性较差、易受侵蚀以及容易粉化的劣势外，也许更为重要的是，在大多数地区，生土（无论是夯土还是土坯）都被视为一种廉价的、低品质的材料，是在成本受到严格限制情况下的不得已选择。因此，即使在民居建筑中，厅堂等重要的空间也会尽量避免使

图6-5　江苏徐州户部山古民居砖土复合墙体
（来源：王新征　摄）

图6-6　云南大理东莲花村碉楼
（来源：王新征　摄）

图6-7　安徽歙县许村大郡伯第门楼
（来源：王新征　摄）

用裸露的生土作为面层，在更为重视审美、象征和文化意义的公共建筑中这一点就体现得更为明显（图6–6）。

相对地，在大多数情况下，砖被视为一种理想的饰面层材料，无论是对于民居建筑还是公共建筑而言。在传统的建造条件下，砖的生产方式（材料生产的独立性和产业化、模具成型、砌块个体之间的均一性）和物理性能（烧结后的强度和抗侵蚀能力）使其相对木、土、石等材料来说具有更好的精细建造潜力。特别是在建造过程几乎完全依靠手工操作、因而建造效果严重依赖于工匠技艺水平的情况下，砖砌施工的精度水平相对来说具有更好的稳定性。因此，一定程度上，对于中国传统建筑特别是施工成本、时间均受到较为严格限制的乡土建筑来说，砖作就成为最适合表达精致化审美取向的建造技术和工艺手段。也正是基于这种基本的价值取向，传统时期的砖砌建造技术和工艺手段几乎毫无例外地指向精致化的审美意趣和工艺表达。这种精致化的审美取向表现在从砌块外观质量（边角完整性、表面质感甚至触感、声音等）、尺寸一致性到砌筑方式和质量控制等一系列营造环节中，甚至形成了诸如“磨砖对缝”之类极端强调砌筑方式和表达效果精致性的砖砌做法（图6–7）。

同时，在传统时期，相对于石材、生土等围护墙体材料来说，砖通常具有较高的成本。这一点与其精致化的审美取向一起，使砖在某种程度上成为财富的象征。在大多数情况下，使用砖作为围护材料（甚至饰面材料）意味着使用者拥有更雄厚的财力。这使得砖的使用即使在最为大众化的层面上也超越了单纯的功能化需求而具有了文化意义。很多砖的复合（例如金包银）或混合（例如在门头等重要部位使用砖）使用固然是看中砖更好的强度和抗侵蚀性能，但也有在较为严格的成本限制下更好地体现使用者的身份地位的意味（图6–8）。

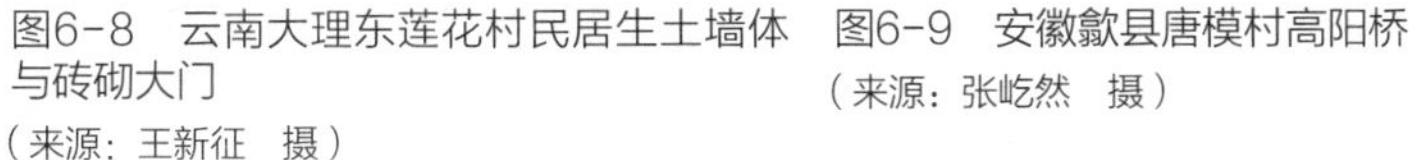

图6-8　云南大理东莲花村民居生土墙体与砖砌大门
（来源：王新征　摄）

图6-9　安徽歙县唐模村高阳桥
（来源：张屹然　摄）

因此能够看到，在很多乡土聚落中，即使在聚落中的民居整体上使用土、木、石等建筑材料较多的情况下，较为重要的公共建筑，仍倾向于使用砖作为界面的面层。同时，越重要的公共建筑，越倾向于使用干摆、丝缝等效果更为精细、成本也更高的砌筑方式。而在以白色混水砖墙作为民居建筑主要围护墙体样式的聚落中，也常有在重要的公共空间或公共空间中的重点部位使用清水砖墙的做法（图6–9）。基于同样的原因，对于木材和石材来说，由于不同种类、尺寸材料的效果和成本之间存在很大的差异，不同的材料营造方式之间效果的差别也非常明显。相应地，越重要的公共建筑围护墙体越会精心地选择材料的具体种类和营造方式，例如更大尺寸的木料，更名贵的石材，更精细的木作或者石材砌筑工艺，等等。这种材料选择的影响因素不仅仅涉及传统建筑的垂直围护界面，也同样涉及到空间的水平界面，特别是地坪的材料选择。美学效果更好、更昂贵的材料，以及更为精细化的材料营造方式，总是会优先应用于重要的公共建筑（图6–10）。与官式建筑的不计成本不同，乡土聚落中的营建活动总是会小心翼翼地做出选择，保证有限的资源和人力被分配到最重要的领域。而与垂直界面不同的是，地坪的材料选择会更多地顾及耐久性以及舒适性的因素。

上述关于生土和砖作为围护墙体材料的审美意义的讨论说明，在中国传统建筑中，审美问题很少是单纯地基于形式美学的视角，而更多地是与材料相关的文化与社会属性相关，即更为关注材料所代表的“意义”，而非材料在单纯营建意义上的本体性。而即使在对材料的“美学”问题的关注上，文化意义上的“美”而非视觉意义上的“美”才是更重要的评判标准。传统建筑中关于砖砌围护墙体的美学特征的认知就是一个典型的例子，正如在诸多的砖砌建筑实例中能够看到的，如果说作为一种结构、围护、饰面、装饰功能复合化的人造块状

图6-10　山西榆次后沟村戏台与玉皇殿广场
（来源：王新征　摄）

砌体材料的属性，是砖砌建造逻辑的基本出发点，同时也构成了地域之间砖砌建造技术共性的基础的话，那么地域之间砖砌建筑的多样性与差异，则更多地来自于砖的审美向度，以及与之相联系的社会与文化范畴。

总体上看，相对于其他传统建筑材料，砖提供了独特的质感。一方面，由生产流程所决定的相对稳定的材料质量（包括物理性能、感官质量、耐久性等）和标准化的尺寸，使砖砌墙体在较低的施工技术水平（例如乡土环境中的居住者自建或互助建造）下仍能保持较为平整、洁净的外观，从而具有一定的精细度，这奠定了砖作为一种饰面材料合法性的基础。而一个相反的例子是生土材料一直没有获得这种对其表现性的认可。

另一方面，与砖在形状、尺寸以及砌筑工艺方面的标准化不同的是，其表面质感的表现却是非常多样的。这种多样性并非直接来自于砖料本身的视觉特征——在合理的质量控制条件下，同一批次、同一窑炉甚至同一地域生产的相同等级、规格的砖料，在颜色和表面质感方面基本保持着一致。事实上，砖砌墙体质感的差异来自时间流逝和雨水冲刷、苔藓生长等因素所带来的砖料表面颜色、质感的变化乃至轻度的侵蚀，而这种变化和侵蚀又源于材料自身的物理性质。现代普通黏土砖的孔隙率通常在30%左右，吸水率约为18%~20%。传统时期的青砖在烧制火候适度的情况下孔隙率和吸水率低于现代黏土砖，但总体上仍属于孔隙率和吸水率较高的建筑材料。同时，砖的孔隙率中开口孔隙率的比例较高，内部很容易形成水分通道。单纯就物理性能来说，这给墙体的耐久性和潮湿气候下室内环境湿度的控制带来负面影响，降低了砖围护墙体的舒适性。但从材料的表现性来看，砖与水所具有的这种天然的亲和关系，在并不严重影响强度和耐久性（关于这一点一个相反的例子是生土类材料）的前提下，大大强化了砖作为一种人造材料与自然要素之间的联系，使自然气候过程、生物过程以及时间的流逝能够在砖的表面得到体现并留下痕迹，并进而造就了砖砌墙体表面的丰富质感，使砖成为一种富于“诗意”的材料。尽管这种质感并非为所有人所欣赏——无论是在传统时期还是在当代，很多人都更为欣赏看上去更“新”而非随时间变“旧”的材料，但在明清时期，这种与自然要素和时间流逝相关联的质感表达恰恰与以江南地区为中心的文人文化及其审美意趣高度契合，并藉由文人文化在整个社会文化领域的强势地位而在一定范围内得到了较为普遍的认同，在很大程度上影响着乡土建筑中居住者和观赏者对砖的审美意义的理解。

这种在保持基本物理性能的前提下与水亲和的能力，不仅存在砖中，也同样存在于不施釉的瓦，以及用于白色混水墙面抹灰的白垩或石灰（一般会添加纸筋等纤维材料）当中。相应地，这种以建筑材料上沉积的自然气候过程、生物过程以及时间流逝痕迹为基础建构的审美逻辑，也同样适用于传统乡土建筑中的瓦屋面和白色混水墙体，并且共同支撑起了一种较为完整的基于自然观和时间观的建筑审美体系。

从这个意义上，能够有理由地推论：首先，在传统建筑特别是江南、淮扬、徽州、赣闽等受文人文化影响较大地区的乡土建筑中，清水砖墙和白色混水砖墙虽然视觉形象迥异，但在其表现性背后却有着相近的审美逻辑，呈现出近似的文化意象，并通过这种审美逻辑和文化意象建构出地域民居和聚落整体的视觉特征。其次，上述审美逻辑主要建立在材料所具有的与水亲和特性的基础之上，因此在南方潮湿多雨地区表现得更为显著，而在北方地区，则更多地表现为在阳光下砖砌墙体形成的厚重体量和光影关系的表达，这一差异在很大程度上成为传统时期南北方乡土建筑中清水砖墙美学意象之间差异的基础（图6-11、图6-12）。

需要强调的是，这一审美逻辑大体上仅存在于乡土建筑当中。明清官式建筑中常用的石材、琉璃以及红色混水墙体，都指向一种相反的材料审美逻辑和价值判断标准，即强调其坚固、不易被侵蚀或污损、易于保持一种“新”的视觉形象（通过材料自身的特性，如琉璃和石材；或者通过人为的维护，如混水墙面或被彩画、油饰覆盖的木材）。官式建筑和乡土建筑在材料审美逻辑上的差异显示了对待建筑“恒久性”问题的不同态度：官式建筑建造技术的目标是将建筑置于一种“常新”的状态，拒绝时间流逝在建筑上留下痕迹，将建筑从时间

图6-11　河北蔚县西古堡村民居
（来源：王新征　摄）

图6-12　安徽祁门石屋坑村民居
（来源：王新征　摄）

的流动中剥离出来。而乡土建筑则恰恰相反，在不影响建筑基本功能的前提下，建造者和居住者或主动或被迫地建立起了基于时间流逝的建筑审美，使乡土环境中建筑不可避免的衰败显得更容易接受，甚至具有了诗意。

同时，类似的差异也存在于传统时期与当代之间。随着卫生、洁净等观念与现代性之间建立起越来越密切的关联，加之建筑建设周期和更新周期的缩短，与时间流逝相关联的痕迹不再成为建筑中被欣赏的要素。相反，新型建筑材料往往以能够避免或易于清除自然气候过程、生物过程以及时间流逝的痕迹为标榜，对建筑使用过程中的变化持对抗的态度。

第7章　结构

从建筑史的角度看，传统建筑的研究，很大程度上几乎等同于对传统建筑结构的研究。一方面，从难度方面看，对重力的抵抗是人类营建活动所面临的最大的问题，无论是获得更高的高度还是更宽广的室内空间，都要求结构技术的跨越性的进步。从这个意义上讲，结构技术的重大进步往往会在实际上成为建筑历史上具有里程碑意义的事件，甚至成为建筑史断代的依据。另一方面，相对于结构来说，建筑的围护体系具有更强的地域性特征，这种地域性的差异在一定程度上模糊甚至压制了时代的进步所造成的差异，从而在宏观尺度的历史研究中缺少更为清晰可辨的意义。

对于中国传统建筑来说，木框架结构体系所占据的绝对主体地位使得营建活动中结构体系相对于围护体系的优势更加凸显，而建筑形式方面对屋顶形式而非体量或立面的强调无疑使得这种优势得到了更进一步的强化——支撑屋面的木结构比形成体量和立面的围护体系得到更多的关注。

7.1　抬梁与穿斗

就中国传统建筑的结构问题而言，首要的特征当然是木框架结构体系所占据的绝对主导地位。关于这一点，在本书上一章关于结构材料的部分已经有了详细论述，因此，在此将会直接转向对传统木构架结构自身的关注。

整体上看，除了一些过于原始的结构样式（例如黑龙江鄂温克族民居的“斜仁柱”结构、内蒙古蒙古族民居的蒙古包结构、海南黎族民居的船型屋结构、云南瑶族民居的“叉叉房”结构等）外，中国传统建筑中的木结构大体可以分为四种类型：抬梁式木结构、穿斗式木结构、井干式木结构和密肋平顶木结构。其中井干式结构通过圆木或经过加工的半圆形、方形、六边形等形状木料的层层堆叠来形成木制的墙壁，并在角部通过咬合来加以固定，从而以单一的构造形式实现了结构和围护的统一。井干式结构材料单一、构造简单，对工艺精度的要求低，具有久远的历史，反映了早期营建活动中木材的使用情况（图7-1）。这种原始的木结构在使用中存在着很多限制，首先是浪费过多的木材，其次是建筑的开间、进深受到木材天然尺寸的严格限制，最后，井干式木建筑墙体上开窗的方式和尺寸也受到限制。这些限制因素使井干式木结构在中国传统建筑的历史发展中逐渐被边缘化，到传统社会晚期已

图7-1　井干式木结构
（来源：王新征　摄）

经仅存于云南、内蒙古、黑龙江、吉林、西藏、新疆等森林资源特别丰富的地区，且通常仅用于小尺度的民居建筑。密肋平顶木结构是以木柱（及墙体）支承梁，在梁上设置密集排列的木格栅，再以木望板或柴草铺砌并以泥土夯实成平顶。出于夯土平顶耐久性的考虑，多用于西藏、云南以及西北等地干旱少雨的地区，当地区降水较多时，则一般在密肋夯土平顶上再起木构架的坡屋顶，并敷设茅草等材料防水，总体上也是具有较强地域性的结构做法。

因此，从更广阔的空间范围来看，真正界定了中国传统建筑木结构体系特征的，实际上只有抬梁式木构架和穿斗式木构架两种结构形式。关于这两种木结构形式的定义和特征早已有大量关于中国传统建筑的研究，在此不再赘述，仅就二者之间得以区别的最根本特征做一概括：其一，在屋架构件之间的关系上，抬梁式木构架柱上承梁，梁上承檩，穿斗式木构架则是以柱直接承檩；其二，在落地柱的数量上，抬梁式木构架中只有檐柱落地，而穿斗式木构架中金柱、中柱也是落地的；其三，在构件交接的节点形式上，抬梁式木构架中横向构件（梁）承托于柱之上，而穿斗式木构架中横向木构架（枋）则从柱中穿过（图7-2、图7-3）。

图7-2　天津杨柳青镇安家大院木构架
（来源：王新征　摄）

图7-3　四川成都元通古镇民居木构架
（来源：王新征　摄）

而本书更为关注的问题在于，在中国传统建筑体系中，抬梁式木构架和穿斗式木构架分别被赋予什么样的位置，或者说，传统时期的建造者和使用者，是从什么样的视角来认识抬梁式和穿斗式这两种木构架结构形式之间的差异的。

首先，如果从当代的结构知识和实用主义的视角出发，穿斗式木构架无疑是更为科学合理的结构形式。首先，穿斗式木构架利用穿枋和斗枋将整个房屋的木构架连接成一个整体，具有更好的整体性，在抵抗地震破坏和山面的抗风性能方面都有更为优良的表现。抬梁式木构架的整体性则在很大程度上依赖于屋顶重量和构件自重的重力作用，在地震力和非垂直向荷载的作用下更容易丧失整体性。其次，穿斗式木构架中木构件的受力情况更为合理，而抬梁式木构架中水平构件（梁）作为受弯构件，其截面尺寸明显大于穿斗式木构架中的穿枋，且更不便于拼接，同时柱的尺寸通常也较穿斗式木构架中的柱更大，这在很大程度上限制了抬梁式木构架的使用，在传统社会晚期大尺寸木料日益匮乏的情况下表现得更为明显。再次，穿斗式木构架的整体施工过程和节点加工工艺较之抬梁式木构架均更为简单，对工匠技术水平的要求较低，建造速度也明显比抬梁式木构架更快。最后，相对于抬梁式木构架，穿斗式木构架对建造场地平整程度的要求更低，几乎可以适合各种坡度地形场地中的建筑。这些因素综合起来，使得穿斗式木构架明显成为一种相对于抬梁式木构架更为稳固、成本更低、也更为灵活的结构体系。

但另一方面，穿斗式木构架也存在两个明显的弱点，其一是柱距较密，影响了室内空间的尺度和灵活性；其二是梁架尺寸较小，在视觉形式上远逊于抬梁式木构架，也更难承载木雕、彩画等装饰性要素。这两个因素使得穿斗式木构架在室内空间的效果上处于劣势。此外，穿斗式木构架以挑枋承托出檐，加之斗枋形式简单，在建筑立面的视觉效果方面也远远不如抬梁式建筑（图7–4）。

从实际建成环境中的应用来看，抬梁式木构架在中国北方地区的传统建筑中应用更为普遍，而穿斗式木构架则更多地出现在南方地区，特别是如果排除那些形形色色的混合式结构，而仅仅考虑纯粹的、完全符合前述特征的抬梁式与穿斗式构架的话，这种地域分布上的差异会表现得更为明显。这提示出了一种可能性，即抬梁式与穿斗式木构架是在不同的地域建筑传统中孕育出来，并借助与地域环境特征的密切联系逐渐普及并发

图7–4　四川成都元通古镇民居木构架
（来源：王新征　摄）

图7-5　云南宁蒗摩梭民居木构架与屋面
（来源：王新征　摄）

展成熟的。尽管作为反例，能够在中国各个地方的传统建筑中看到抬梁式和穿斗式这两种木构架类型的存在，但鉴于乡土建筑地域性问题的复杂性，这并不能动摇从地域视角对于两种木构架结构类型的区分。并且事实上也确实能够列举出一些南北方不同的环境特征对建筑结构产生实质性影响的例子。例如，北方地区天气寒冷，对屋面围护结构的保温隔热性能和密闭性的要求较高，因此屋面的做法通常为在椽上铺望板或望砖（受经济条件限制的情况下也有使用苇席或苇箔的）作为基层，基层上苫灰泥背，然后在其上铺瓦，这种做法使得屋面整体上较为厚重。一方面，这使得梁、柱构件尺寸较大的抬梁式木构架在结构上更具优势；另一方面，屋顶的重量也有利于保持抬梁式木构架的整体性。相对地，在南方地区，屋面的保温需求并不突出，反而是与穿斗式木构架相适合的、重量较轻的在椽上直接铺瓦的做法更有利于炎热环境下的通风、排湿（图7–5）。

但同样是从实际建成环境中的应用出发，也存在着另一种关于抬梁式和穿斗式两种木构架差异性的解释。抬梁式木构架在室内空间开敞程度和视觉效果方面的优势，使其在宫殿、衙署、府第、庙宇以及民居建筑中的重要厅堂中应用更为广泛，体现出在这些建筑类型中，对室内空间效果（包括室内空间的尺度、灵活性、梁柱的尺度效果以及装饰效果等）的重视超越了营建成本和结构合理性等实用性维度的考量。而在大型民居建筑中居室以及辅助性空间多采用穿斗式木构架，也符合次要空间注重实用性而不追求视觉效果的逻辑。

在某种意义上，抬梁式和穿斗式两种木构架结构体系的应用状况，与前文中关于“卑宫室”和“非壮丽无以重威”这两种中国传统上对待营建活动的不同态度的论述是有关联的。或者说，在中国传统建筑的价值体系和结构逻辑中，穿斗式木构架体现了实用主义、崇尚俭德、“卑宫室”的一面，而抬梁式木构架则体现了通过建筑体现社会等级与秩序、“壮丽以重威”的一面。

基于这种价值观念，可以提出另一种抬梁式木构架与穿斗式木构架的营建逻辑。穿斗式木构架作为成本更低、施工难度更低、受力上也更为合理的结构体系，其发源地理应不局限于特定地区，而是可以被视为一种被广泛采用的“自发的”结构体系，是中国传统木框架结构体系“自下而上”发展成熟的产物，是中国传统建筑结构体系中更贴近于“小传统”的部分。而抬梁式木构架则展示了一种“自上而下”的、与官式建筑传统联系紧密的、基于特定的形式语言与意义表达的木构架系统。作为中国传统建筑结构体系中归属于“大传统”的部分，它确实在一定程度上是违背纯粹的结构合理性的，但却承担着在中国传统文化中更高层级的表意需求。从这个意义上讲，抬梁式木构架的发端也并不关联于特定的地域，其在北方地区应用更为广泛的现象，主要是与北方地区在统一的中央集权王朝的大部分时间里作为政治首都的状况相联系的。

上述两种关于抬梁式木构架与穿斗式木构架差异性起源的解释，彼此之间并不存在排他性。鉴于地域性问题的复杂性，基本可以认为上述两种原因在抬梁式与穿斗式两种木构架类型和产生、发展和应用中都发生着不可替代的作用。而本书对这个问题的关注，旨在再次强调这样两个问题：其一，中国传统社会长期处于统一的中央集权政府的有效管理之下，地域之间存在着较为充分的技术与文化交流，同时存在着强有力的官式建筑传统并与乡土建筑之间存在着不可忽视的相互影响。在这样的背景下，很多时候将建筑形制或建造技术的类型差异单纯归结为对地域环境特征的应答是非常值得怀疑的做法。其二，对于中国传统时期对待营建问题的态度，在很大程度上要考虑其作为整个社会的社会秩序和文化系统一部分的地位和作用。因此，单纯从营建活动自身的技术逻辑出发通常很难做出正确的理解。

7.2　混合与变体

为了讨论问题的需要，上一节中关于抬梁式木构架与穿斗式木构架的比较，大体上针对的是两种木构架的纯粹形式，即完全符合前述的基本特征——构件关系、落地柱的数量、构件交接的节点形式的木构架形式。而在实际的建成环境中，完全符合这些特征的木构架实例事实上并不多见。纯粹的抬梁式木构架除了宫殿等严格恪守官式建筑形制的类型外，大体上主要存在于京畿、山西等地的部分寺庙和大型民居中，而纯粹的穿斗式木构架则主要分布于西南地区川、滇、黔诸省乡土聚落中的中小型民居中。除此之外，则是大量存在的、形形色色的介于抬梁式木构架和穿斗式木构架之间的结构形式。这些混合型的结构形式通常在上述三个方面中的一点或两点上符合某种结构类型的特征，而在其他方面则符合另一种，这使得很难将其简单地归为其中某个类型。具体地说，这种混合式结构大体上包括如下三种情况：

其一，同一个建筑组群内，不同建筑单体之间的结构形式不同，部分建筑采用抬梁式木结构，部分建筑采用穿斗式木结构。比较典型的例子是在民居建筑的重要厅堂中采用抬梁式木构架，而在居室及其他辅助性空间中使用穿斗式木构架。在合院式民居中，通常正房采用抬梁式木构架，厢房采用穿斗式木构架。这一类混合式结构的营建逻辑较为简单清晰，大体上符合前文中对抬梁式和穿斗式两种木构架差异的论述，即在重要的、有礼仪性需求、注重室内空间尺度、灵活性、梁柱的尺度效果以及装饰效果的建筑中使用抬梁式木构架，而在次要的、以满足实用性需求为考量、不追求视觉效果、需要控制营建成本的建筑中使用穿斗式木构架。

其二，同一栋建筑内，几榀木构架之间的结构形式不同，有的木构架采用抬梁式，有的木构架采用穿斗式。例如在三开间的建筑中，明间的“正贴”木构架采用抬梁式，而次间靠近山墙的“边贴”木构架采用穿斗式（图7-6）。其营建逻辑大体上也是在明间最为注重礼仪性、空间效果和视觉效果的位置采用抬梁式木构架，而在靠近山墙、对整体空间效果和视觉效果影响不大的位置采用更为经济实用的穿斗式木构架。

图7-6　江苏泰州溱潼镇院士旧居轿厅木构架
（来源：王新征　摄）

其三，同一榀木构架内，不同部位的结构形式不同，部分构件的形式和连接方式符合抬梁式木构架的特征，另一部分构件的形式和连接方式符合穿斗式木构架的特征。这一类混合式木构架较之前两种情况要复杂的多，几乎包含除了纯粹的抬梁式木构架和纯粹的穿斗式木构架之外的各种形态。在一些例子中，木构架仅仅是在某方面不符合上述的抬梁式和穿斗式木构架的主要特征——构件关系、落地柱的数量、构件交接的节点形式。例如穿斗式木构架中只有部分柱子落地，是非常常见的做法，目的通常是为了获得较为开敞的室内空间。但这种做法中非落地柱由穿枋承托，实际上已经偏离了穿斗式木构架中穿枋不作为受弯构件、仅仅提供横向拉结保证整体性的结构逻辑（图7-7）。这类木构架比较明确地保留着其原始结构类型的大部分主要特征，与其说是一种混合式木

图7-7　云南大理白族民居木构架
（来源：王新征　摄）

构架，不如说是某种木构架类型适应特定功能或环境需求所产生的变体。

但在另外一些例子中，木构架或是因为在关键的结构属性方面表现出分属于抬梁式和穿斗式两种不同木构架类型的特征，或是因为其表观的视觉形态与其构件之间的关系和节点形式存在着较大的矛盾性，会使木构架所属的类型表现得更为模糊。在这个方面，一个典型的例子就是关于“插梁式”木构架的讨论。在浙江、江西、安徽、江苏、福建、广东等省的部分地区，庙宇、祠堂等重要的公共建筑以及民居中重要厅堂的明间中，常见这种混合式的木构架形态。从构件之间的关系看，通常为以柱直接承檩，符合穿斗式木构架的基本特征；从落地柱的数量看，这类木构架有的只有檐柱落地，也有的有部分金柱落地，相应地，横向木构件需要承托非落地柱，从而成为受弯构件，总体上较为接近抬梁式木构架的特征；从构件交接的节点形式看，横向木构件（梁／枋）的端头插入柱身，符合穿斗式木构架的基本特征；从木构架的表观形态看，柱及横向木构件通常较粗大，同时注重横向木构件的视觉效果和装饰效果，总体上更为接近抬梁式木构架的视觉特征（图7–8）。从上述特征看，这一类木构件在构件的交接关系和节点形式上采用了穿斗式木构架的做法，但在木构架的表现形式和视觉效果上更近似于抬梁式木构架，因其横向木构件形态上更近似于梁而不是枋，但端头又插入柱身，因此被不少研究者称为“插梁式”木构架。

在结构合理性方面，插梁式木构架的整体性明显弱于穿斗式木构架，但要优于抬梁式木构架；在材料成本和施工难度方面，大体上与抬梁式木构架相接近；而在室内空间效果和梁架视觉效果方面，也基本接近于抬梁式木构架。因此，从基本的功能逻辑来看，插梁式木构架的存在，应该是在以穿斗式木构架作为地域主体的建筑结构体系的情况下，通过在局部木结构中牺牲结构合理性和建造成本的优势，以换取重要空间的空间效果和视觉效果（图7–9）。

图7–8　浙江桐庐环溪村爱莲堂木构架
（来源：王新征　摄）

图7–9　安徽祁门渚口村贞一堂木构架
（来源：王新征　摄）

按照大多数研究者的分类，仍将插梁式木构架归类为穿斗式木构架，也有部分研究者认为应将其列为抬梁式和穿斗式之外的另一种木构架类型。本书无意对此问题发表意见，而更希望的是借着对插梁式木构架的讨论指出这样一个问题：尽管抬梁式与穿斗式的类型划分几乎已经成为中国传统木结构研究中的一个基本语境，但这种划分的基础和依据在纯粹技术的层面上是极不稳固的。事实上，与“穿斗式”的称谓起源于民间不同，“抬梁式”的说法大体上来自于近代以来建筑学研究者的界定。因此，抬梁式与穿斗式的二元分类本来就是出于研究便利性的考虑，而并非是对业已存在的建成环境事实的描述。与穿斗式木构架的概念相较，抬梁式木构架的概念界定至少存在着两个方面的问题，其一是过分强调了构件之间的相互关系和节点形式，从而导致大量在表观形态和营建逻辑上与抬梁式木构架具有近似性的木构架形态被排除到这一类型之外。这种过分注重构造节点的研究思路实际上带有强烈的近现代建筑学理论体系的特征，而未必能够反映中国传统时期实际的营建观念。其二，抬梁式木构架中包含了营建逻辑截然不同的结构形式，例如宋代《营造法式》中的“殿堂式”和“厅堂式”，以及清代“大式”和“小式”的分野，表面上看，仅仅涉及到因建筑等级制度的限制而是否使用斗栱的问题，但事实上，由于铺作层的存在，二者的营建逻辑和结构逻辑是截然不同的，其差异甚至可以认为要大于抬梁式木构架与穿斗式木构架之间的差异。造成这种状况的原因，很大程度上是因为早期对中国传统建筑的研究，更多地集中于官式建筑，而对乡土建筑相对较为忽视的缘故。

除了抬梁式与穿斗式两种木构架的混合形式外，也有一些其他形式的木构架变体类型。例如苏北以及河南、山东部分地区的乡土建筑中，金字梁架的形式非常常见，以斜梁承托檩条，应是源于传统“大叉手”形式的变体，是颇具古风的做法（图7-10）。再如广州广府、雷州等地的乡土建筑中，出于防盗的考虑，屋顶檩之间的间距较其他地区的木构架坡屋顶民居来说更小，加之色彩的搭配，在室内形成独特的密檩的视觉效果。密檩的做法也反过来影响了大木构架的形式，导致木构架的架数变多，相应地梁之间的垂直间距变小，瓜柱变短。这除了形成与通常的插梁式木构架有明显区别的视觉形式外，也强化了木屋架的整体性（图7-11）。

此外，一些木构架中构件形式的细微差别在传统时期也可能会被赋予特殊的美学或文化意义。例如江南、淮扬等地的乡土建筑中，木构架根据梁架截面形状的差异可以分为两种类型，截面为圆形的称作“圆作”，截面为矩形的称作“扁作”。住宅中的厅堂，用圆作的称为“圆堂”，用扁作的称为“扁作厅”。扁作被认为在等级上高于圆作，一般用于宗祠、园林中的重要建筑或大型宅邸中的厅堂，而中小型民居的厅堂和次要建筑中则多用圆作。若大型府邸的厅堂使用圆作，则被视为显示节俭的做法。在木构架的视觉效果上，一般来说扁作梁架较重视装饰效果，常有精美的雕饰，圆作则一般较为简朴。

图7-10　江苏徐州户部山徐家大院木梁架
（来源：王新征　摄）

图7-11　广东从化钱岗村民居木构架
（来源：李雪　摄）

7.3　砌体结构与混合结构

木框架结构在建筑结构体系中占据绝对主体地位的状况，在最大程度上勾勒出了中国传统建筑作为一个整体性概念的基本特征，但是如果将视角从官式建筑转向乡土建筑，特别是转向传统社会晚期最重要的政治、经济和文化中心（京畿地区与江南地区）之外的广阔地域的时候，在很多地区的乡土建筑中，砌体结构也在建筑结构体系中占据了相当的比重，甚至成为地域乡土建筑的主导结构体系，并以这种结构样式作为地域乡土建筑令人印象深刻的形式特征和技术特征。

官式建筑和乡土建筑在结构技术领域最为根本的差异就在于砌体承重结构在整个建造体系中地位的差别。具体地说，在官式建筑传统中，砖、土、石总体上被视为一种辅助性建筑材料，而并不具有可以与木材并列的地位和重要性，特别是砖、石、土坯砌筑墙体以及夯土墙体的承重意义被完全忽略。而在乡土建筑中，在地域性要素以及外来建筑文化影响的扰动下，砖、石、土在整个建造体系中的重要性较之官式建筑有明显的提升，其结构意义重新得到重视，饰面和装饰意义也得到进一步彰显。尽管在中国传统建筑（无论是官式建筑还是乡土建筑）中，木结构（乃至木装修——小木作）始终占有压倒性的地位，但上述砌体建造环节地位和重要性上的差异仍然是极为显著的，以至于这一点的意义远远超过了两者之间在具体建造工法上的差别。

体现在实际的建筑案例当中，首先最为显著的是官式建筑中砌体墙体承重作用几乎彻底的缺失。尽管从灵谷寺无梁殿这样的案例来看，至迟到元代之后，在地面大型建筑中应用拱券承重体系的技术已经相当成熟（图7-12），但一直到传统社会晚期，其应用也仅限于少数特殊功能的实例之中。并且，不仅这一类全砌体结构体系没有得到普遍应用，即使是混合结构（这里指采用砌体墙体和木柱、木屋架混合承重的结构体系）在官式建筑中也非常罕见。

图7-12　江苏南京灵谷寺无梁殿砖拱券
（来源：王新征　摄）

与此形成对照的是，在乡土建筑中，砌体墙体以及拱券作为一种结构样式的重要性大大提高了。更为严格的成本限制和建筑材料就地取材的需求，以及建筑等级制度对材料使用方式的限制，使得砌体结构在一些地区展现出更大的优势。尽管如前文所述，相对西方建筑来说，中国乡土建筑在对砖石砌体承重潜力的发挥上无疑是非常保守的，但在与官式建筑的比较中，乡土建筑仍然表现出了对于砌体承重能力明显的重视。即使将生土窑洞、砖石锢窑等拱券承重民居建筑视为特定区域的、不具普遍性的技术体系（尽管其实际分布的地域并不狭小）（图7-13），更为简单的利用砖、石、土坯砌筑或生土夯筑的山墙与木构架组成混合承重体系的做法，分布在从西北到华南的广大的地理区域内，而前后檐墙承重的做法在从黄土高原到东部沿海的多个地理单元的乡土建筑中也并不罕见。更重要的是，砌体结构也带来了与小木作墙体截然不同的、变化丰富的墙体形式，并且这种墙体形式的差异在很多时候成为地域之间乡土建筑形式差异中最为显著的视觉要素。

图7-13　山西碛口李家山村砖石锢窑民居
（来源：王新征　摄）

图7-14　浙江桐庐荻浦村申屠氏宗祠家正堂梁架
（来源：王新征　摄）

砌体结构的结构性能，既取决于砖、石、土坯等材料自身的力学性能，同时也在很大程度上受到砌体砌筑方式的影响。在材料自身的力学性能方面，砖、石和土坯主要被作为一种受压砌块使用。使用粘结材料进行砌筑的建造方式一定程度上强化了这一点：在传统时期，粘结材料，无论是泥浆还是石灰浆的强度都远远低于砖石自身的强度，其抗拉强度又远远低于其抗压强度。同时，传统常规粘结材料的界面结合能力又普遍较差，受拉时易发生脱离，这使得砖石砌体几乎成为单一性的承受轴心或小偏心压力的结构，而很少受拉或受弯。这是砖石砌体最为基本的结构逻辑，也是传统时期砖石砌筑技术在建筑中应用的基本前提。乡土建筑实例中对砖石砌体的使用方式，大多来源于这个基本的前提。

除了拱券之外，传统建筑中砖石砌体基本上只作为竖向承重结构使用，起到将楼面、屋面的荷载传递到地基的作用。同时，出于对结构整体性和稳定性的忧虑，墙几乎是唯一的结构样式，承重石柱则基本仅限于具有更好的整体性和抗侧向力能力的独石柱而非砌体柱的形式，大多数情况下实际上仅仅是对木框架结构中木柱简单的材料替代（图7-14）。乡土建筑实例中所见之砖柱，则大体上都是近代外来建筑形式和技术影响下的产物。

在砌体墙体与水平承重构件的关系方面，中国传统建筑中，除了生土窑洞和砖石锢窑等少数结构类型外，大部分的砌体结构都是砖木、石木、土木混合结构，即由砖砌、石砌、土坯或生土墙体作为竖向承重结构或与木柱共同承受竖向荷载，水平承重构件仍为木构架。因此，在采用砌体墙体承重体系的乡土建筑中，存在着砌体承重墙体与木制的水平承重构件的关系与交接问题。

在大范围内来看，山墙承重是较为普遍的做法，大体上是因为在技术上最为简单，同时也避免了前檐墙采用砌体墙体承重对建筑面向院落的开放性所造成的影响，这种开放性是中国传统合院式建筑最重要的特征之一。利用砌体山墙与木构架组成混合承重体系的做法，因为檩条直接搁置在山墙上，一般被称为“硬山搁檩”。在唐代的民间住宅中，已较普遍使用山墙承重的土木混合结构，而在明代砖砌墙体得到普遍应用的情况下，则出现了使用砖砌山墙承重的硬山搁檩结构。

从乡土建筑实例看，硬山搁檩的做法分布在从西北到华南的广大的地理区域内，依其来源大致可以分为两大类。一类是在成本有限或木材缺乏的情况下所采用的一种因陋就简

图7-15　广东雷州邦塘村民居厅堂硬山搁檩做法（来源：王新征　摄）

的做法，这种情况在各地乡土聚落中普遍存在，通常在厢房等重要性等级较低的屋舍中使用，而正房一般仍采用木柱承重，显示出在此硬山搁檩仍被视为一种条件不足时的替代性做法。这种情况在北方木材匮乏地区尤为常见。而另一类则是使硬山搁檩的做法成为了一种完善的技术体系，而不是较低级别的做法，甚至有意识地在建筑群体中最为重要的部分使用，使之成为地域建筑的一种典型特征（图7-15）。此外，各地的硬山搁檩建筑在檩条的尺寸、间距等方面也存在着显著的差异（图7-16、图7-17）。

在砌体墙体与木檩条的连接节点方面，同样存在着显著的差异。一般来说，较低等级的硬山搁檩做法中，檩条一般是直接搁置在砌体墙体之上，对于两者的交接并没有特殊的处理，显得较为原始而粗糙。而在将硬山搁檩视为一种正式的建筑形式和建造技术做法的情况下，对于交接部位的处理则会更为规整、精细，并采用特殊的构造强化措施。例如当墙体为空斗砖墙时，在交接部位往往局部采用实砌砌法进行强化（图7-18）。在多层建筑中甚至发展出用特殊的石制构件砌筑在墙体中用来承托楼面木枋的做法，在构造上更加合理，并且具有了一定的装饰意义。同时，檩条与砌体墙体的交接部位用装饰性的彩画或灰塑加以强调，更体现出建造者和使用者对这一结构样式所抱有的欣赏态度（图7-19）。

与山墙承重的做法相比，使用檐墙来承受竖向荷载的做法相对要少一些，但其使用的历史同样较为久远。在今存的明代民居中，已经能看到用后檐墙承重的做法："在徽州的弘治年间所建的司谏第，后墙无木柱，梁枋均插入砖砌体内。而在徽州大观亭上（明始建，清重修），底层阑额与普拍枋置于砖墙上，仅以斗拱与底层檐柱相连。这种做法到了清代已比较普遍，在绍兴称为'搁墙造'。"[①]而到了清代，使用砌体墙体承托额、枋的"搁墙造"做法已经使用的比较普遍。在实际中，前后檐墙承重的做法在从黄土高原到东部沿海的多个地理单元的乡土建筑中均不罕见，其中以后檐墙与木柱混合承重的做法相对更为常见（图7-20）。

总体上来说，在大部分地区，檐墙承重被视为一种较低等级的、替代性的做法，一般在厢房等重要性等级较低的屋舍中使用，而正房通常仍采用木柱承重。但在中原、山西等地，也有在院落的正房中作为较正式的做法使用的，主要还是与传统社会后期木材资源的缺乏有关。在

① 潘谷西，主编．中国古代建筑史　第四卷：元明建筑．北京：中国建筑工业出版社，1999：439.

图7-16　广东雷州东林村民居硬山搁檩做法
（来源：王新征　摄）

图7-17　安徽桐城民居硬山搁檩做法
（来源：杨绪波　摄）

图7-18　福建泉州亭店村民居硬山搁檩交接部位
（来源：李雪　摄）

图7-19　广东德庆古蓬村民居硬山搁檩做法
（来源：李雪　摄）

梁枋与砖石砌体的交接方面，有较为原始的梁枋直接插入砌体墙体的做法，也有相对更为成熟的在承托梁枋的部位加垫木的做法，与硬山搁檩的情况相类似，在一些檐墙承重使用较为普遍的地区，也发展出了用于承托木构件的特殊部件（图7–21、图7–22）。

此外，拱券技术在传统建筑中的应用也是值得关注的问题。拱券技术是砖石砌体建造技术发展史上最为重要的技术之一，一方

图7-20　河南周口邓城镇叶氏庄园檐墙承重做法
（来源：王新征　摄）

图7-21 河南周口郑城镇叶氏庄园檐墙承重节点做法（来源：王新征 摄）

图7-22 江苏徐州户部山古民居檐墙承重节点做法（来源：王新征 摄）

面它使砖石砌体能够承受水平荷载而不仅仅作为竖向承重构件使用，从而使全砖石结构建筑成为可能；另一方面它使较小的砌块能够组合起来，围合出具有较大尺度的内部空间，从而摆脱了之前砖石砌体结构室内空间尺度的限制，使得砖石承重结构应用的范围大大地拓展了。同时，拱券技术的应用，也使砌体墙体上门窗洞口所能达到的尺寸大大增加，从而显著地改善了砖石建筑室内的环境质量。

拱券的发展经历了从叠涩形成的假券到真实发券的演变过程，并且逐渐演化出筒拱、十字拱、穹窿、帆拱、尖拱、骨架券等多种多样的形式。叠涩拱是早期的拱券形式，是以叠涩的方式，将砖石砌块自两端向中心层水平出挑砌筑而成，其受力状态与真拱不同，砖石不仅受压，还要受剪，当拱的跨度较大或承受较大荷载时，有可能因砖石的抗剪能力不足造成损坏，故而对砖石的坚硬程度及粘结材料的强度都有比较高的要求，但其优势是较真拱而言施工较为简便。真拱也就是通常所说的拱券，利用砌块之间的侧压力形成承受水平荷载的承重结构。在理想状况下，拱券中砌块仅仅承受压力，这符合砖石抗压能力优良、抗拉与抗剪能力相对较弱的力学性能特征，因此被认为是一种合理的砖石砌筑方式，体现了砖石砌体建筑的基本建构逻辑。

在中国传统建筑中，拱券的式样相对较为单一。通过叠涩方式获得砌体建筑内部大空间的做法虽在公共建筑中偶有所见（例如明代清真寺的窑殿），但在乡土建筑中并未发现实际的例子。乡土建筑中的叠涩建造方式大多用于构造或装饰性用途，如檐口、硬山山墙墀头拔檐部分的出挑、装饰性线脚、尖拱门窗等。在今存的乡土建筑实例中，也未见有十字拱、穹窿、帆拱、骨架券等较复杂的拱券形式应用，而是以简单的发券、筒拱为主。

按砌筑方式分，筒拱一般可分为并列拱和纵联拱。并列拱施工简单，但券与券之间没有有效连接，拱的整体性较差；纵联拱在筒拱纵深方向上采用错缝砌筑，使整个拱顶联为一体，强化了拱的整体性，但支模砌筑相对复杂。从现有采用筒拱形式的传统建筑看，以采用纵联拱形式的居多，体现了较为成熟的支模与砌筑工艺（图7–23）。

拱券结构效能的另一个重要的影响因素是发券的曲率。总体上看，早期的拱券曲率通常较平缓，高跨比（发券的矢高与拱跨的比率）小于0.5，其后逐渐发展为高跨比为0.5的半圆拱（单心拱）。在明代以前，半圆拱长期占据着主导地位，从明代开始，特别是永乐北迁之后，高跨比大于0.5的“双心拱”或“三心拱”发券曲线渐成主流，显示出对拱券结构力学特性认识的进步。按清工部《工程做法则例》和《营造算例》中的描述[①]来换算，其高跨比为0.55，基本反映了明中后至清时期官式建筑采用的主流发券曲线样式，并且说明这一时期对于拱券的设计和施工已经有了标准化的规定。就乡土建筑实例所见，半圆拱所占的比例仍然较高，大体上是因为民间施工较官式建筑来说结构技术水平仍有明显差距，且更为重视施工过程的简便和成本控制，此外因为建筑规模和拱券跨度都较小，对结构合理性的要求相对也较低。较大高跨比的发券曲线在乡土建筑中也不少见，并且表现出丰富的多样性（图7–24、图7–25）。高跨比小于0.5的圆弧形坦拱侧推力较大，通常并非建筑中合理的拱券形式，但在乡土建筑中也时有所见。

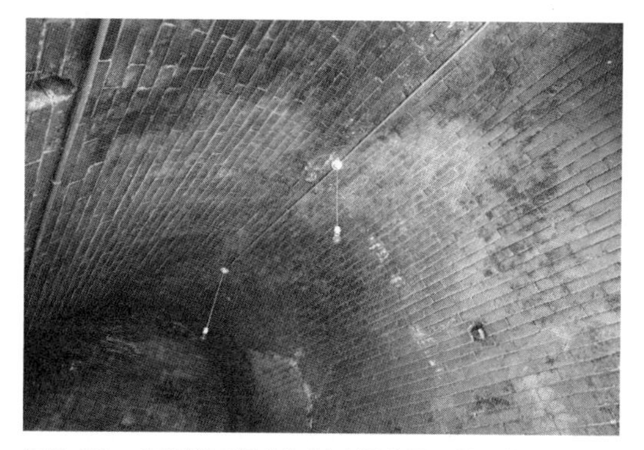

图7–23　山西汾西师家沟村砖锢窑民居纵联拱顶
（来源：王新征　摄）

图7–24　山西碛口寨则山村砖锢窑民居半圆拱
（来源：王新征　摄）

图7–25　山西晋中静升镇王家大院砖锢窑抛物线拱
（来源：王新征　摄）

①《营造算例》中“第五章　大式瓦作做法·第十一节　发券”一节中记载：“平水墙：以券口面阔并中高定高。如面阔一丈五尺，中高二丈，将面阔丈尺折半，得七尺五寸，又加十分之一，得七寸五分，并之，得八尺二寸五分。将中高二丈内除八尺二寸五分，得平水墙高一丈一尺七寸五分。平水墙上系发券分位。”梁思成，编订．营造算例．中国营造学社印行，1934：36.

图7-26　山西太原永祚寺大雄宝殿
（来源：王新征　摄）

图7-27　山西阳城皇城村皇城相府藏兵洞砖锢窑
（来源：王新征　摄）

拱券在承受竖向荷载的情况下，会对拱脚支座位置产生水平方向的侧推力，这是拱券结构基本的力学特征，也是拱券设计和施工中面临的最重要的难点问题之一。中国传统建筑中对于侧推力问题的解决方式通常较为简单，在无梁殿等较为重要的建筑类型中，有用类似扶壁的壁柱来抵抗侧推力的做法（图7–26），但大多数时候还是简单地用厚重的砖石墙体来抵御，不仅用材量大，对空间格局和门窗洞口尺寸的限制也较严重，显示出拱券技术的发展总体上还是处于较为原始和粗放的状态下。这一点在乡土建筑中体现得尤为明显，因为建筑规模和拱券跨度较小、空间简单等原因，乡土建筑中对于拱券结构侧推力的抵抗基本上都是采用较为厚重的墙体。特别是连续拱券的边跨，在没有山体岩层或土层抵抗侧推力的情况下，侧墙的厚度通常在1米以上，部分实例中甚至达到数米（图7–27）。

第8章　围护与饰面

围护结构最直接的功能意义是提供建筑内部与外部环境之间的分隔，从而创造出在温度、湿度、光线等方面适于使用的室内空间环境。而在中国传统建筑中，围护界面的意义又不止于此。中国传统建筑合院式的空间组织模式所表现出的强烈的内向性特征，需要以建筑中不同位置围护界面的不同形式来体现空间的方向性。此外，相较于官式建筑来说，乡土建筑中的围护墙体表现出更为丰富的多样性，并且往往比建筑的结构体系更能体现出与地域环境特征的密切联系，并在很大程度上成为乡土建筑地域性的主要表现。

8.1　围合与界面

作为中国传统合院式建筑最为核心的意义所在，围合式的空间组织方式是不可动摇的。改变了这种组织方式，也就颠覆了合院的意义之所在。因此，各地区之间的合院形式在空间组织方式上不可能存在本质性的差别。但是，不同的经济技术和文化条件仍然有可能使围合形态的具体表现形式出现差别，从而造成合院意义的地域性差异。例如合院的平面尺寸和剖面高宽比例会改变围合形式带给使用者的空间感受。这种尺度和比例上的差异来自于气候差异导致的不同的采光和通风要求、人口和土地资源差异决定的不同的建设场地状况、不同的文化中对隐私性要求的差异所带来的不同的隔断视线的要求等。

在这当中，围护界面无疑是与合院形式的功能与意义相关的最为重要的要素，它直接与合院的围合形式相联系，几乎是合院形式意义形成中唯一不可缺少的元素。在合院形式中，围护界面的意义具有二重性：一方面，围护界面作为合院的主要围合面，成为院落外部空间的边界；另一方面，围护界面也是建筑室内与室外的分界。在后者的意义上，围护界面会受到地域之间的自然地理和社会文化差异的影响，而这种影响会反馈到围护界面作为院落边界的意义中去，并进而影响合院形式的形成及表现形式。

合院式建筑中围护界面意义的最大差别来自于其透明性的差异，透明性决定了院落与室内空间之间在光、视线和人的活动上的联系的紧密程度。借助界面的透明性，白天，光通过院落从室外进入到室内，夜晚，室内的人工照明同时成为院落的光源。视线的穿透使院落成为室内的景观，同时也使得院落在心理上成为置于室内控制之下的空间，对于室内的人们来说产生领域感和归属感。院落和室内之间在功能和人的活动上的联系则使院落具有与人的活动相关联的功能意义，将院落与建筑群体在功能上结合成为一个整体。所有这些围护界面的透明性所造成的对合院形式的功能、心理和文化意义的显著影响，使得围护界面透明性的差异成为影响合院形式的功能与意义的最重要的因素。此外，即使建筑实体背向院落、朝向建筑群体外部，它对合院形式意义的影响都不能被完全忽视：两侧围护界面的差异性决定了建筑的方向性——无论面向院落还是相反。

图8-1　围护界面的透明性
（来源：王新征　摄）

中国传统建筑中朝向院落的围护界面具有充分的透明性。适合室外活动的气候、框架结构体系在提供围护界面透明性方面的天然优势、木围护墙体的轻质和灵活性以及心理和文化上对庭院生活的热爱，是造就这种透明性的主要原因。而合院式建筑群体外部界面的封闭性（主要源于中国传统上对于身体隐私的强调而导致的对于遮断外部视线的极端重视），更是在对比中强化了朝向院落围护界面的透明意义和建筑明确的指向内部院落的方向性（图8-1）。相对来说，这种院落围护界面的透明性在西方传统建筑的大多数历史时期中并不存在，砖石材料和承重墙体系妨碍了围护界面透明性的展开。相应地，由于内外界面之间没有本质性的差异，明确的方向性在合院形态中也并不存在。

除了透明性的差异之外，围护界面本身作为墙体要素还具有承载装饰、在遮断了视线的延续之后为视线提供结束的意义。由于装饰所具有的意义不仅仅（甚至不是主要的）来自于建筑学范畴，而是与更广大范围内的艺术和文化相联系，因此特定地域的艺术与文化特征也会藉由这种装饰意义而反映在围护界面对合院形态的影响当中。

同时能够看到，基于对院落内向性特征的不同理解和表达，围护界面的透明性和方向性也成为了建筑地域性的重要内容。从一种共性的角度看，无论是官式建筑中的合院形态还是各地的合院式乡土建筑，内向性几乎是所有的中国传统合院式建筑所具有的普遍性的特征。无论是对于合院内外功能组织的刻意强调，还是合院式建筑内外界面的差异，都在明白地强调着这种内与外的差异。从程度上来讲，不同的合院式建筑类型中这种内向性的表现有着量的差异，这种差异可能来自于不同的方面。一般来说，仅仅从合院作为一种居住形态或者建筑组织方式的角度出发，合院会具有内向性，但这种内向性并不会被演绎到过于极端的程度，因此，那些刻意强调内向性的合院形式必然有其他外部原因的推动。

以传统社会晚期地处全国性政治、经济、文化中心地区的两种重要的合院式民居——北京四合院和苏州民居为例，从形态上，后者似乎呈现出比前者更强的内向性：除了在苏州民居中院落的内向围护界面具有更强的开敞性外（这主要是由于气候的原因），在北京四合院中，外部围护界面的封闭性仅仅通过建筑立面的材料和开窗方式强调，而在苏州民居中，这种封闭性同时被单独设置的垣墙所强化。从这个意义上来说，北京四合院和苏州民居在建筑与城市的关系上表现出了差异：可以从北京四合院呈现于城市中的面貌在一定程度上推测其内部状况，但苏州民居呈现给城市的却是缺乏意义的墙体，其内部状况变得更加不可知。这种差别可能来自于几个方面的原因：首先，最简单的形态原因在于两者建筑高度上的差异，苏州民居中重要建筑多有楼阁形式，需要更高的遮挡以保证私密性。其次，北京四合院主要作为平民居所，而苏州民居的主人则多是经商、为官者，相应地前者的住宅样式更重视邻里关系，后者则强调自成一体。再次，两者身处不同的政治环境，作为明清两代的首都，北京的政治氛围更为保守，在建筑的形制上也表现得更为谨慎，过于特异的建筑形式较少得到采用。最后，也许是相当重要的一点是，在苏州民居中，垣墙的意义不仅仅在于提供内外之别，很多时候还被做为园林的背景，这个功能显然不是单纯的具有封闭性的建筑围护界面所能代替的（图8–2）。

图8–2　垣墙作为园林的背景
（来源：王新征　摄）

一些更为特殊的地域建筑实例更为极端地呈现着围护界面对中国传统合院式建筑空间意义的影响。例如，提供安全性是建筑最重要的功能之一。伴随着家庭观念和私有制导致的家庭私有财产观念的产生，是原始的合院式建筑产生的重要原因之一。藉由围护墙体的围合所确立的私有领域，保证了在面对自然界的危险以及敌人时的抵抗能力，是合院形式的基本心理意义之一，也是合院的内向性的心理根源。合院形式通常表现出来的对外封闭、对内开放的围护界面形式差异即是由此而来。而在一些乡土建筑类型中，围护界面的安全性得到格外的强调，形成以强调防卫性为主要功能和意义的合院式建筑类型。

以福建、广东等地的土楼民居为例，土楼通常为家族集中居住，形状以方形和圆形为主，一般高4~5层，一层一般用于厨房、畜圈，二楼做仓储之用，3层以上住人。整个土楼被划分成相等的开间，有一户占据一间的，也有一户占据几间的。交通的组织方式大体有两种，一种是回廊式，面对院落为环形的回廊，垂直交通通过独立的楼梯间解决，类似于今天的公寓式集合住宅。也有的土楼没有回廊，垂直交通由各户内的楼梯各自解决，类似于今天

图8-3　土楼的夯土外墙
（来源：王新征　摄）

图8-4　土楼内部开放式的木界面
（来源：王新征　摄）

图8-5　福建南靖田螺坑村土楼
（来源：王新征　摄）

的联排住宅。一些大型的土楼不仅只有一圈建筑，而是多层建筑呈同心圆状排列。在围护界面方面，土楼的外墙一般为夯土墙体，厚度很大，往往有超过1米的例子。外墙下部一般不开窗，上层居住部分开窗。面朝合院的界面则是木质结构和围护，与一般的合院式民居相类似（图8-3、图8-4）。

这种围护界面强烈的内外差异，与土楼对防御性的强调有密切关系。关于土楼的建筑形式最初产生的原因，一些学者认为可能与唐代军队在福建地区的解甲为民有关："大军落籍，第一是带来了军营式的建筑观念，对外防御，内部一律标准化、统一化。第二是带来了一些中原地区的建筑影响，因为部队是从中原来的，如家庙的形制是中原式样。但内圈出挑的木结构走廊，则可能是当地干阑式吊脚楼的遗风。"①土楼围护界面外部封闭、内部开放的差异提示出建筑的内向性，这种明确而清晰的内向性一定程度上来自于对防御意义的强调。土楼的主要分布地区历史上长期山高林密、匪患严重，直到清末太平天国时期仍有因为太平军侵扰而建造土楼用于防御的例子。因此，土楼非常强调建筑的防卫意义，厚重而低层不开窗洞的土墙、数量较少的入口，强烈的内向性组织，都是防卫意义强化的体现（图8-5）。

另一个近似的例子是贵州安顺地区的屯堡民居。明朝初年，明军在军事上征服了贵州、

① 陈志华，李秋香. 住宅（上）. 北京：生活·读书·新知三联书店，2007：110.

云南等边疆诸省后，为了加强对这一地区的统治，在西南省份特别是黔中一带实行屯田制度。这其中既包括从中原、江南、湖广等省份征调的农民、工匠等形成的民屯，也包括军队驻扎屯田形成的军屯。特别是在安顺一带，这种屯堡特别集中，形成了极具特色的屯堡文化和屯堡建筑形态。

屯堡虽然位于贵州，但无论是民屯还是军屯，主要的人口均来自于汉族地区。在明朝初期，中原和江南地区的生产生活和社会文化的发展水平，均要高于西南边陲地区。并且，作为驻军屯田戍边的行为，其本身就带有对地方文化征服和统治的意义。同时，驻军的纪律管理也阻止了与地方通婚等现象的普及。因此，与其他移民方式中外来移民易受到地域原有生活方式和地域文化影响、甚至最终融入到地域文化当中去的情况不同，屯堡居民在很大程度上保存了原有的中原和江南地区的生活方式和文化形态，从而在黔中地区形成了独特的、与周边少数民族文化有较大差异的文化样式。从屯堡聚落和民居建筑的角度看，也大体沿用了汉地的民居类型。特别是在院落内向界面的处理上，因为相对较少受到防御功能需要的影响，基本上与当时的江南民居等汉地民居风格保持了完全的一致（图8-6）。院落正门多成“八”字形且高度较大、雕饰精美，也具有典型的江南民居的特点（图8-7）。同时，在民居中正房中间的堂屋中，往往设置神榜，供奉“天地君亲师”和神灵、祖先的牌位，也显示出强烈的汉地文化的影响。

但同时，作为驻屯建筑，其形式又不可能和汉地民居完全一致，而是呈现出服务于军事功能的特点。最典型的特征就是建筑的防卫性。除了整个屯堡聚落的外围有石砌的寨墙围绕，并设置碉楼用于

图8-6　贵州安顺天龙镇天龙屯堡民居院落内围护界面
（来源：王新征　摄）

图8-7　贵州安顺天龙镇天龙屯堡民居门头与木雕
（来源：王新征　摄）

警戒和防御外，在聚落内部建筑布局和民居建筑本身的设计上，也充分考虑了巷战的需要。屯堡中的巷道一般都比较狭窄、曲折，且路径经过设计，并非随意通达（图8–8）。就建筑单体来说，平面尺度一般较正常为小，外墙较高，利于防御。同时在外围护墙体材料的选择上也突出了防御性的特征，与同时期汉地民居一般用砖甚至土坯砌筑墙体相比，屯堡民居一般采用产自当地的石材作为外围护墙体材料，既便于就地取材，其牢固性又能够显著地提高建筑的防御能力。大量石材的使用也能够降低密集的建筑群在战事中遭遇火灾的可能性。同时，院落的外墙开窗很少，窗口位置较高且面积很小，在墙上还设置了射击孔，以强化其防御特性（图8–9）。

图8–8 贵州安顺天龙镇天龙屯堡民居与街巷
（来源：王新征 摄）

正是由于这种独特的建筑功能、资源环境、地域文化和社会心理等多重需求的交互作用，塑造了屯堡民居外围护墙体与内围护墙体高度差异化的独特形态。在外围护界面上，屯堡民居可以被视为普通的合院式民居防卫性功能被极度强化的产物；而在院落内部界面上，围护墙体与其说是界分建筑室内外的功能构件，不如说是特定移民群体乡愁文化的载体。

图8–9 贵州安顺天龙镇天龙屯堡民居外墙射击孔
（来源：王新征 摄）

8.2 围护和饰面的统一与分离

如果对建筑围护结构的意义进一步细分的话，可以将其视为两种功能的复合。其一是围护功能，目的是分隔内外，创造适于使用的室内空间环境，这要求围护结构具有一定的厚度和结构强度，同时应该具有满足创造室内物理环境需求的热工性能。其二是饰面功能，目的是界定围护结构的表观形态，成为空间的视觉界面，饰面层的功能理论上不受到厚度和其他物理性能的影响，而仅仅取决于其视觉形式得到认可的程度。

围护结构的围护功能和饰面功能可能由不同的材料和构造层来承载，也可以承载于单一的材料和构造层，前者意味着围护结构围护功能与饰面功能的分离，而后者意味着围护功能与饰面功能的统一。围护与饰面的统一与分离问题，是围护结构构造中最重要的问题之一，代表了营建观念中对待围护结构的一种基本态度。

森佩尔在对建筑要素原型意义的讨论中，认为最早的墙壁来源于编织产品——挂毯或者栅栏，并强调了挂毯墙在艺术史上的重要地位。在森佩尔看来，挂毯墙面和坚固的实体墙面的意义是分离的：挂毯用于分隔空间，实体墙体则用于承受载荷，前者是墙体意义中更为重要的内容①。在此，森佩尔将墙壁的分隔意义和结构意义分离开来，认为前者才是墙体的本质。（森佩尔没有将承重的功能赋予柱子，他甚至没有给予柱子以独立的要素意义，而是将墙壁从功能上一分为二，考虑到森佩尔生活的时期是西方建筑历史上对墙壁的承重功能最为强调而柱子沦为装饰之物的一个时期，这种划分方式并不值得奇怪）

森佩尔将墙分为“两层”的做法在一定程度上明确地提示出了墙壁的装饰意义的起源。墙是装饰的重点，其原因在于墙体的分隔在阻挡风雨和野兽的同时也遮断了建筑空间与自然之间以及不同空间之间的视线，墙壁的装饰作为一种替代物提供了视线的终点。从这个意义上讲，墙壁的功能矛盾是非常清晰的：遮蔽风雨和安全性所需要的密闭性和遮蔽视线造成的封闭感之间的矛盾，而墙壁的饰面层则是对这种矛盾的解答。

在当代的营建体系中，一方面，从建造技术角度看，通过围护墙体功能的分离和构造的复合化实现对材料性能更合理的利用已经成为一种普遍的共识。即使是对于木材、砖、石材等传统材料来说，其饰面功能也被剥离出来，从而产生了木饰面板、面砖、装饰陶板、饰面石材等抛弃了结构和围护功能、仅仅作为饰面材料的替代品。同时，传统材料本身的使用方式也在发生变化，在一些实例中，即使仍维持着砌块的形态，但砖和石材已经成为依附在混凝土甚至钢框架墙体上的面层，虽然具有厚度，但实际上却仅承担饰面的功能。但另一方面，对于在当代建造活动中居于重要地位的建筑师群体来说，这种围护墙体功能分离和构造复合化的做法总体上并不是受到赞赏的，而是要么被当作因客观条件限制无法使用实心黏土砖、石材砌体等更为传统的材料应用方式情况下的无奈选择，要么被视为一种不正确的设计思想和审美逻辑下的产物。对于建筑师群体来说，传统的砖石砌体建造逻辑将砌体围护墙体

① “那些隐藏在毯子后面的坚固墙体并非创造和分隔空间的手段，而是出于维护安全、承受荷载及保持自身持久性等目的而存在的。如果不是这些次要功能需求的出现，挂毯仍然是最主要的空间分隔手段。即使在那些坚固的墙体成为必要元素的建筑物中，它们也只是隐藏在真正的墙体代表物之后的不可见的内部结构，而这些墙体的代表物正是那些彩色的编制挂毯。”戈特弗里德・森佩尔．建筑四要素．罗德胤，等，译．北京：中国建筑工业出版社，2009：104.

的表现性与建造活动本身完美地统一在一起，成为最具建筑学意义上的“本体性”的建造方式之一。这一点是在当代新建筑材料层出不穷的情况下，传统的砖石砌体墙体的做法仍然得到诸多建筑师偏爱的最重要的原因，同时也使建筑师对割裂墙体的表现性与功能性、通过独立的饰面材料来实现近似的表现性的做法难于接受。在这里，材料吸引建筑师的并非质感，而是简单而直白的建造逻辑。

潜藏在这种对传统砌体建造逻辑坚守背后的，正是西方传统建筑长期以来的砖石砌体营造传统。虽然在西方砖石建筑传统中也不乏砖石材料作为饰面面层的做法（例如古罗马人用红砖砌筑的墙体作为浇筑火山灰混凝土的框架，同时突出了红砖作为具有装饰性和表现性的面层的意义，以及得到更广泛使用的以大理石板作为装饰性面层），但总体上，仍是将砖和石材作为一种兼具结构、围护、饰面以及装饰功能的材料，在探索其结构潜力的同时也不断拓展其作为兼具表现性的材料的可能性。从早期纪念性建筑中对石材结构和审美功能的强调，到哥特式建筑中砖砌墙面和线脚的表达（例如吕贝克的圣玛丽教堂），再到文艺复兴时期对红砖的材料审美有意识的发掘和表现（例如佛罗伦萨主教堂的穹顶），以及近代以来用砖来表达手工艺、乡土与田园意象的尝试（例如威廉·莫里斯的红屋），乃至现代主义以来建筑师们对砖的地域属性和建构意义的探索（例如阿尔瓦·阿尔托和路易斯·康的砖建筑），体现出对砖石砌体同时具有的表达潜力越来越强烈的关注，并且随着与时代的历史、文化和审美因素的结合而变得意义越来越丰富。

相对来说，在中国建筑传统中，对围护结构所同时具备的审美潜力的表达则一直处于一种暧昧的状态。首先，合院形式对内外之别的强调也影响到外围护界面和院落内围护界面的不同营造策略。对于朝向院落的围护界面来说，出于对透明性的需求，在条件许可的情况下，无论是在南方还是北方，在官式建筑还是乡土建筑中，主要由小木作所形成的通透立面都是唯一的理想选择。虽然大木作和小木作实际上也是基于不同的营造逻辑，但基于发展成熟、完善的大木作和小木作营造技术体系，无论是在官式建筑还是乡土建筑中，都建立起了采用木材满足建筑结构、围护、饰面与装饰功能的系统。区别在于，在官式建筑中，木材的饰面功能在相当程度上要依赖于覆盖于其表层的油饰和彩画，而在乡土建筑中则在更大程度上依赖于木材自身。此外，从整体看，官式建筑的营造技术体系中也明显存在着对小木作围护墙体更高程度的依赖。

而对于强调封闭与隔离的外围护墙体来说，轻质、通透的小木作墙体在大多数情况下会让位于厚重的石、砖、土坯砌筑墙体或夯土墙体。其中，如本书前文中所提到的，土虽然是应用最为普遍的墙体围护材料，但却很少被视为一种理想的饰面层。对于这一问题的应对之策是混水生土墙体，即在生土墙体表面覆盖粉刷的面层。混水墙体的做法是生土墙体在传统建筑中大规模应用的基础，凭借对石灰等粉刷材料良好的亲和力，生土墙体甚至在一定范围内获得了较之砖石砌筑墙体更好的灵活性。无论是宫殿、庙宇中色彩丰富的混水墙体，还是乡土建筑中白色混水墙体所形成的令人印象深刻的地域性风格（图8-10），都在围护与饰面功能分离的营造逻辑基础之上，使得生土墙体获得了表现的合法性。

对于砖石砌筑墙体来说，围护功能与饰面功能的关系更复杂一些。石材砌筑墙体的使用方式一方面严重依赖于石材的天然性状，另一方面又与地域的石材加工技术水平密切相关，因此具有强烈的地域特征。在官式建筑中，尽管应用的场合和位置都较为有限，但稀有的石材种类和高水平的加工技术使石材耐久性好、适于承载雕刻装饰的优点得到了充分展现，从而获得了不亚于小木作墙体的表现能力。而在乡土建筑中，则既有展现出不亚于官式建筑的加工水平，并以精工细作的石砌围护墙体作为地域乡土建筑最为重要的视觉特征的例子（图8-11），也有仅仅将石砌围护墙体作为一种廉价地域性材料和低技术营造体系的组合，并最终以混水墙面的做法放弃其饰面功能的例子。

而对于砖砌围护墙体来说，问题则并不在于砖料自身的多样性或者施工技术水平的差异，事实上，在传统建造条件下，得益于材料生产的独立性和产业化、模具成型、砌块个体之间的均一性，砖拥有各种围护墙体材料中最高的质量均一程度和施工便利性。砖砌围护墙体中围护功能与饰面功能的分离问题，更多地来自于审美层面和文化层面的材料认知。一个明显的例子是清水砖墙与混水砖墙的对比。尽管青砖在乡土建筑中被认为是符合传统审美意趣的材料，但经过粉刷的白色墙面（与其在气候和时间的作用下所产生的色彩和质感的细微变化一起）同样被认为是传统审美意趣甚至更为精确的表达。这使得中国传统建筑中青砖墙面的表达一直徘徊于“清水”与“混水”之间（图8-12、图8-13）。

在清水砖墙方面，如前文中所言，砖在建造技术层面的精细建造潜力以及作为财富象征

图8-10　云南丽江纳西民居混水墙体
（来源：王新征　摄）

图8-11　湖北黄陂大余湾村石砌民居
（来源：王新征　摄）

图8-12　山西晋中静升镇王家大院
（来源：王新征　摄）

图8-13　浙江兰溪诸葛村民居
（来源：杨茹　摄）

图8-14　广东德庆古蓬村民居
（来源：李雪　摄）

图8-15　广东遂溪苏二村民居
（来源：王新征　摄）

的文化意义，奠定了砖砌墙体表面装饰合法性的基础，进而使得砖砌墙体在单一化的建构方式下，能够实现承重结构、围护墙体、饰面层以及装饰性的复合化。其中，围护与饰面功能的统一是最为核心的方面（相对地，传统条件下砖的承重功能始终受到木承重体系的压制，而装饰性则更多地偏向于工艺美术范畴，远离了建造技术的核心内容）。这种统一性最为直观的表现，就是砖砌围护墙体本身同时也是砖的材料审美表达的主要途径，甚至成为乡土建筑审美风格中标志性的核心要素。作为一种标准化的小型砌块材料，砖砌体的灵活性带来了墙体形式的丰富变化，并且这种墙体形式的差异在很多时候成为地域之间乡土建筑形式差异最为显著的视觉要素（图8-14、图8-15）。而在与其他建筑材料的横向对比中，乡土建筑中砖和土、石混合使用时在美学表达方面具有显著的优先性，这一点与官式建筑恰好相反。这进一步强化了砖砌墙体围护与饰面意义的统一性。

但另一方面，砖砌墙体围护与饰面意义的分离在传统砖砌民居中也同样存在，特别是当

图8-16　福建漳州顶坛村蓝廷珍府第砖砌墙体：正面（来源：谢俊鸿　摄）

图8-17　福建漳州顶坛村蓝廷珍府第砖砌墙体：背面（来源：谢俊鸿　摄）

与近代以来的砖砌建筑进行比较时，这种分离就会体现得非常明显。需要注意的是，这种分离并不仅仅体现在混水砖墙的使用上，尽管混水砖墙对砖材表现性的抹煞的确使得砖砌墙体的围护功能与饰面意义发生了彻底的分离。相反，更值得注意的实例正是来自于那些对砖墙的饰面意义和美学表达潜力最为关注的类型，在这些例子中，恰恰是这种关注导致了砖的表层化——其意义从围护砌块蜕变为附着于围护墙体的表层材料。

这种砖材意义的表层化表现为各种贴砌砖材于围护墙体主体的做法，内部的围护墙体通常为夯土墙，表层的砖则作为纯粹的饰面材料。或者围护墙体整体都采用砖材，但表层采用更为精细的、专门用于饰面的砖，以区别于内部的普通砌筑用砖（图8–16、图8–17）。而干摆砖墙（也称水磨砖墙、磨砖对缝）的做法则是砖砌墙体围护与饰面意义分离最为彻底的体现：干摆做法的外皮与用糙砖砌筑的“背里”（当只有外皮采用干摆做法时）或里外皮之间用糙砖填充的“填馅”（当里、外皮都采用干摆做法时）之间甚至不是紧贴在一起，而是留出1~2厘米灌浆用的“浆口”，最后通过灌浆将各层墙体结合成一个整体，可以视为一种复杂的全砖复合墙体。

鉴于围护与饰面分离的做法在传统砖砌围护墙体建造技术中所占有的重要地位（例如干摆做法很多时候被视为中国传统建筑砖砌墙体技术的顶峰），甚至可以说，尽管承重功能、热工性能、耐久性以及门窗洞口等方面的要求都影响着砖砌墙体的构造，但实际上，是精致化的审美意趣和对砖作为一种建筑材料所具有的表达潜力的最大化的强调在更大程度上影响甚至决定了砖砌围护墙体的构造和建造技术。

最后，复合围护墙体的普遍使用无疑代表了中国传统建筑围护结构围护功能与饰面功能分离最为极端的状态。以砖土复合围护墙体为例，如前文所述，在物理性能方面，砖的导热性相对较强，而蓄热能力（热稳定性）相对较差，作为居住建筑围护材料的热工性能仅强于石材，而较生土和木材均较差，这一定程度上影响了砖作为围护墙体材料使用的普遍性，促进了以解决砖砌墙体对室内热环境的不利影响为目的的复合墙体技术的发展。此外，尽管明代以后制砖的成本显著降低，但在整个传统时期，砖仍是一种相对较贵的建筑材料，这也在一定程度上鼓励了复合墙体技术的使用。砖土复合墙体结合了土的原料易获取、施工简便、造价低廉、热工性能优良以及砖的耐水、耐侵蚀、耐久性好、施工精度高、装饰效果好的优点，因此在全国各地都有使用这种复合墙体技术的传统建筑类型。在具体的墙体构造上，通常墙体外层为砖砌筑，内层为土坯或夯土砌筑，以发挥两种材料各自的优点。这种做法在很多地区都存在，但称谓有所不同，诸如“金包银”、“银包金”、“里生外熟”等，都是指这种外砖内土的墙体做法（图8-18）。除此之外，也有墙体两面用砖，中间为生土的做法，一般称为“夹心墙”，大体上相当于利用双层砖墙中间的土坯或填土来强化墙体、改善热工性能。

图8-18　广东遂溪苏二村民居破损的砖土复合墙体
（来源：王新征　摄）

8.3　构造与多样性

详细记录具体的构造与工法并不是本书的目的所在，但对于传统建筑围护体系来说，其中确实存在着诸多富于意义的细节。这些细节不仅仅展现了传统建筑围护体系所具有的丰富的多样性，同时也在传达着传统文化和审美观念中对待营建问题的一些基本态度。

例如，出于对砖石砌体结构性能的认识，无论对于承重砖石墙体还是仅起围护作用的砖石墙体来说，保证其整体性都是关键的技术问题。对于砌体结构来说，这首先表现为砌筑方式的选择。对于石砌墙体来说，最为关键的因素是根据石材的天然性状选择适宜的墙体构造和砌筑方式。而对于砖砌墙体来说，尽管材料已经高度均一化，但也同样存在着砌筑方式的选择。以传统时期最为重要的两种砌筑方式（实砌砖墙和空斗砖墙）为例，前者强调内外搭接，上下错缝，避免出现垂直通缝，而后者则是通过丁砖的连接和增加眠砖的方式在大幅度

图8-19　河南周口郊城镇叶氏庄园砖砌墙体
（来源：王新征　摄）

图8-20　四川成都安仁镇刘氏庄园老公馆砖砌墙体
（来源：王新征　摄）

减少用材和墙体自重的情况下仍能保持较好的整体性（图8–19、图8–20）。

空斗墙体在乡土建筑中的普遍应用始于明代，最初的目的应该是为了降低成本，《天工开物》中记载："凡郡邑城雉、民居垣墙所用者，有眠砖、侧砖两色。眠砖方长条，砌城郭与民人饶富家，不惜工费，直叠而上。民居算计者，则一眠之上施侧砖一路，填土砾其中以实之，盖省啬之义也。"①不仅指出了空斗砖墙作为一种明确的技术做法，同时也说明了其使用原因。空斗墙用砖较省，砖的厚度一般也较薄，降低了砌筑作业的劳动强度。同时在长期的使用中，人们逐渐认识到在砖料用量近似的情况下空斗墙体在隔热、保温等方面相对实砌墙体也具有一定优势，这进一步促进了空斗砖墙在民居建筑中的使用。空斗砖墙在隔热方面的优势来自于内部形成的封闭的空气间层，有时也在中空部分填充碎砖、泥土等增加墙体的热稳定性，进一步改善热工性能。

除了砌筑方式外，还有一些增加砖石砌体墙体整体性的辅助措施。在当代的砖石建筑中，通常通过在墙体中设置圈梁、构造柱以及拉结筋的方式来强化砌体的整体性，而在传统乡土建筑中，类似的方法也在一定范围内得到使用。例如，在墙体中设置类似构造柱作用的木柱，木柱可能同时具有结构作用，也有一些情况下仅仅被作为构造强化措施。又比如，通过横向的近似圈梁作用的木梁或石梁（一般情况下并不是通长的，很多时候会和门窗的过梁结合，但会长于过梁需要的长度），增强墙体的整体性。这种做法在超过一层的建筑中更为多见（图8–21）。

针对一些具体的应用情况，还有一些局部措施被用来强化砖石砌筑墙体的整体性，或提高其热工性能。以下仅列举几个具有代表性的案例：

（1）宁波地区乡土建筑中较广泛采用"凹"字形的龙骨砖，通过木龙骨从砖的槽口中穿

① 宋应星．天工开物译注．潘吉星，译注．上海：上海古籍出版社，2008：191.

图8-21　广东雷州东林村民居门窗石过梁
（来源：王新征　摄）

图8-22　安徽桐城民居灌斗墙体断面
（来源：杨绪波　摄）

过以加强砖砌墙体的刚度和水平向抗弯性能。

（2）在空斗砖墙中间或双层砖墙之间以碎砖、泥土、砂石填塞并用灰浆浇筑（通常称为“灌斗墙”），以强化砖砌墙体的热工性能、整体性和稳定性（图8-22）。

（3）地基的不均匀沉降会使上部砌体墙体部位之间出现相对位移，产生附加拉力和剪力，形成裂缝。为了预防这种问题发生，有在预期发生沉降部位（例如水井处）墙体底部局部使用拱券承重的做法（图8-23）。

（4）通过砖石材料的混合砌筑来强化墙体结构性能，如闽南泉州地区常见的“出砖入石”的做法，利用石材的抗剪性能来防止剪应力造成的连续裂缝（图8-24）。在围护墙体中局部替换材料以达到更好的力学性能和耐久性的做法也非常常见。最简单的比如使用石制台明形成隔水层以避免土壤中的水通过毛细作用进入砖砌或生土墙体、在砖砌或生土墙体转角等使用中易受磕碰的部位局部换用石材以避免损坏等。其总体思路是单纯地通过特殊部分更换物理性能（强度、隔水性等）更好的材料来弥补围护墙体性能的欠缺。而在另一些例子中，虽然材料的混合使用最初仍在很大程度上是基于功能或经济性的理由，但经过长期的发展演化，逐渐脱离了具体的应用情境固定下来，成为地域乡土建筑建造技术体系中富于特色的组成部分，并且往往被赋予了特定的、与地域背景相协调的审美和文化内涵。典型的例子如胶东乡土建筑中砖石混合的做法、泉州乡土建筑中“出砖入石”的做法等，都已经从一种单纯的技术做法上升为一种地域建筑艺术甚至建筑文化的象征（图8-25、图8-26）。

图8-23　江苏扬州个园西火巷古井
（来源：王新征　摄）

图8-24　福建泉州西街象峰巷民居出砖入石墙体
（来源：李雪　摄）

图8-25　山东烟台后坡村民居砖石混合围护墙体
（来源：张旭腾　摄）

图8-26　福建泉州蔡清祠出砖入石墙体
（来源：王新征　摄）

第9章　屋顶

严格意义上讲，屋面也是建筑围护体系中的一部分，但对于中国传统建筑来说，屋顶的意义是如此的重要，以至于必须将其作为一个独立的要素来加以讨论。屋顶是中国传统建筑最重要的形式特征，在官式建筑以及部分乡土建筑类型中，屋顶在形式和象征意义方面的重要性都要远远高于围护墙体，而中国传统木结构体系的基本逻辑，也在很大程度上是围绕支撑屋顶和满足屋顶形式的构造需求展开的。只有在部分地区的乡土建筑中，凭借封火山墙等地域性的围护墙体形式，墙体才获得了超越屋顶的视觉表现力。

9.1　原型与意义

在大多数建筑传统中，屋顶无疑都是最具建筑学本源意义的建筑要素。在自然中为人类提供遮风避雨之所，是建筑所以产生的原因。从这个意义上讲，屋顶所具有的功能意义和象征意义都是无法取代的（图9–1）。

在为人提供了遮蔽雨雪和阳光的庇护所的同时，屋顶将人的视野与天空分隔开来。鉴于在原始信仰中天空所具有的重要意义（在几乎所有的原始神话中天空都是重要神灵居住的场所甚至就是神灵本身），这种遮断指向天空视线的行为不可能不要求某种补偿。因此，屋顶在视觉意义上还充当着天空的替代者的角色，在天空不可见的情况下提供向上视线的归宿。一些文明的原始神话中认为天空是一个支撑在柱子之上的巨大的圆形屋顶，而类似“天似穹庐，笼盖四野”[①]这样的比喻更是出现在很多原始文学当中，这一定程度上是对屋顶与天空的同构意义的反映。从这个意义上讲，屋顶要素具有明确的向内的方向性，即屋顶的视觉效果首先应考虑自下而上视角的需求。

以上意义在实际建成环境中体现为对屋顶的装饰意义的关注。在很多建筑传统中，对屋顶装饰意义的关注甚至要超过对墙面装饰意义，而后者从起源意义和难易程度上本来应该是装饰的主体对象的关注（图9–2）。并且，在一些屋顶装饰中，的确还保留着将建筑模拟为天空的痕迹。

屋顶所具有的方向性的另一个体现是：在大多数建筑传统中，对屋顶的外部的关注远不

① 出自南北朝时期敕勒族民歌《敕勒歌》，穹庐指游牧民族居住的毡房。

图9-1　几内亚聚落中搬家的场景
（来源：《没有建筑师的建筑》）

图9-2　中国传统建筑的天花
（来源：王新征　摄）

及对其内部的关注。屋顶外部的设计大多数情况下仅仅出于坚固、排水、施工等功能性的理由。在西方的建筑传统中，尽管也出现过拱顶、穹顶等样式丰富的屋顶形式，但追溯这些屋顶形式的起源几乎都是更多地基于室内空间的考虑。

在建筑历史的发展中，屋顶的原型意义受到过两次大的挑战：一次是近代之后多层甚至高层建筑的普及。尽管西方很早就有了建造多层建筑的传统并一定程度上挑战着屋顶作为室内空间与天空之间界面的意义，但一直到近代以前，教堂等重要的大型公共建筑的主要空间仍然是单层的，而近代以后高层建筑相关技术的进步和商业化的城市土地开发模式则彻底改变了这一点。另一次挑战则是钢结构和玻璃施工技术的进步使得平板玻璃可以用于整面屋顶的建造。虽然因为防晒、清洁等理由这种屋顶形式并没有得到大规模的普及，但类似“水晶宫”这样的建筑的出现还是会极大地挑战屋顶所具有的意义：玻璃和纤细的钢结构在视觉上接近于无的特性将室内空间和天空重新联系在一起，从而使得一切模拟天空或者通过装饰来强化界面意义的努力都显得可笑。

相对来说，中国传统建筑是为数不多的特别重视屋顶的外在形式并且赋予了这种形式以形而上的意义的建筑系统。就官式建筑来说，屋顶在直观的视觉形象上重要性显然就要超过垂直围护结构。尽管一直以来关于中国传统建筑的构图有由台阶、屋身、屋顶构成的三段式的说法，但在绝大多数情况下，无论是基于视觉形式还是意义表达，又或是其自身所展现的丰富性而言，台阶和屋身都不可能获得与屋顶相匹敌的重要性。

除了在直观的视觉形式中所呈现的重要性外，从营造技术体系而言，屋顶形式是中国传统建筑营造体系诸多重要特征得以成立的基础和目的之所在，甚至可以在很大程度上说，中

图9-3 安徽祁门渚口村贞一堂出檐与斗栱
（来源：王新征 摄）

图9-4 福建泉州府文庙大成殿
（来源：王新征 摄）

国传统官式建筑建造体系的最终目的，就是支撑屋顶并维持屋顶的形态。例如从最基础的层面来看，宋代《营造法式》中殿堂式木构架体系中铺作层的存在意义，就在于在标准化、带有很强功能主义意味的柱额层之上承托形态多变、彰显建筑形态特征的坡屋顶。营造制度中复杂的“举折”与“生起”，都是为了塑造屋顶的曲面形态。而官式建筑中的斗栱以及乡土建筑中的牛腿、斜撑等构件，其功能在很大程度上都是为了支撑屋顶深远的出檐。无论是在官式建筑还是乡土建筑中，从这些檐口结构构件在整个建筑装饰体系中所占据的地位，都可以看出其所受到重视的程度（图9-3）。诸如此类的例子举不胜举，充分说明屋顶形式在整个中国传统建筑营造体系中所处的核心地位。

对于中国传统建筑中屋顶的重要地位，以及中国传统建筑屋顶所具有的曲面形态、出檐深远等形式特征的原因，长期以来诸多研究者已经给出了不同的解答，大体包含如下几个方面：

首先是自然地理环境的影响。例如认为出檐的深远来自于保护木制的屋身部分免遭雨淋的需要，同时在夏季也更有利于遮阳，而曲线形式的屋顶则在出檐深远的情况下更有利于纳入冬日角度偏斜的日光，也可以使屋面的雨水排的更远。甚至有观点认为曲面形式的屋顶在保持屋脊高度的同时缩减了屋顶部分的截面面积，从而有助于减小侧向的风压。

其次是社会文化和美学的因素。例如认为曲面形式的屋顶是北方地区游牧生活时期帐幕建筑屋顶形式的遗存，又或者与汉民族美学传统对曲线的偏爱有关。又如认为深远的出檐明显进一步加大了屋顶在整个建筑立面形式中的比重，同时屋檐的阴影与阳光照耀下的屋顶形成鲜明的对比，强化了屋顶相对于屋身的视觉优势（图9-4）。

最后是整个建筑技术体系整体发展的结果。例如在建筑整体以单层为主的前提下，想依靠屋身的围护体系给人以深刻的视觉印象是非常困难的，相对来说，凸显坡屋顶的形象显然要容易的多。此外，从建筑室内空间中屋顶作为天空的替代者以提供向上视线终点的作用来说，单层建筑中的屋顶明显具有多层建筑所无法比拟的重要性。对于曲线形的屋顶形式，也有观点认为原因在于在传统时期的技术水平下，曲面屋顶较之于直线屋顶更易于施工并在长期使用中保持相对稳定的形态。

图9-5 甲骨文、金文、大篆、小篆中的“家”字
（来源：王新征 绘制）

鉴于中国传统建筑中对屋顶重要性的强调以及屋顶具体形式上的一些主要特征在很早的时期就已经基本确立下来，而相关的建筑实例却已基本无存，因此上述分析除了基于所存不多且语焉不详的文字描述和图像记载外，大体上都来自于研究者主观的推测。这种推测不可避免地会受到研究者个人学术背景和所处时代主导性的建筑学话语的影响。因此，在今天想要明确地辨析这些结论的正误几乎是不可能的，也并无实在的意义。对于当代的研究者（无论是传统建筑的研究者还是希望在当代的建筑实践中予以借鉴的建筑师）来说，更重要的仍是清楚地认知在传统建筑体系中屋顶形式无可比拟的重要性，及其对中国传统建筑单体形态、建筑组群形态乃至聚落与城市天际线的重要影响。这种影响很多时候甚至超越了建成环境的范畴，扩展到心理和文化领域。例如，对于中国传统居住建筑来说，屋顶具有稳定的与“家”的意象相联系的文化意义。在中国早期的象形文字中，“家”字上面的“宀”本来就是双坡屋顶的意象，在其他一些与家庭生活有关的文字中也可以看到这种原始意象的反映（图9-5）。甚至可以说，在中国的文化传统中，坡屋顶的意象从一开始就是和对“家”的属性的认识紧密地结合在一起的。

9.2 制度、类型与变化

中国传统建筑体系特别是官式建筑体系中屋顶所占据的重要地位，不仅体现在建筑视觉形态中屋顶形式所呈现出的压倒性的优势，以及建筑营造体系中屋顶形态对其他营造环节的支配作用，更重要的是，在建筑与整个社会秩序的关联性方面，屋顶形式也扮演着最为重要的角色。而正如本书前文中所强调过的，在中国传统时期，建筑形式与社会秩序的联系，而非形式本身，才是营建观念中最为核心的内容。

关于这一点最为显著的例证，就是在中国传统的建筑等级制度中，屋顶形式所占据的重要位置。建筑等级制度的具体内容各个朝代之间存在差异，但大体涉及建筑的形式、面积、高度、开间、进深、材料、色彩、装饰等方面的内容，其中屋顶形式一直是其中关于建筑形式方面最为主要的内容。同时，与其他内容在不同的历史时期或因建筑形制的变迁、或因营

图9-6　山东曲阜孔庙
（来源：张屹然　摄）

造技术的进步、或因审美文化的潮流而有所差异不同，建筑等级制度中关于屋顶形式的内容几乎从一开始确立下来就基本上保持了稳定。这也反映了中国传统建筑文化中与屋顶形式相关联的意义的稳定性。

在整个建筑等级制度中，相对于开间、进深等相对抽象的要素，屋顶形式无疑提供了一种最为直观的关于等级的图解，与建筑的体量、高度、材料和色彩一起，构成了建成环境视觉形式中对社会秩序最为直接的表达（图9-6）。

而对于聚落或城市来说，在建筑层数以1~2层为主、难以形成变化丰富的天际线的情况下，一方面，相对统一的屋顶形式形成了舒缓、优美的天际轮廓线，成为中国传统城市和聚落最为令人印象深刻的特征。另一方面，不同功能用途和等级建筑之间屋顶尺度和形式之间的差异，也明确提示出城市和聚落格局与社会秩序之间的密切联系（图9-7）。

在各种建筑类型中，相对来说，宫殿、陵寝、衙署、大型寺庙以及官员的府第、宅第等，作为官式建筑的主要载体，对建筑等级制度的遵循也最为严格。而对于平民阶层使用的乡土建筑来说，尽管理论上也受到建筑等级制度的制约，但就营建活动中得到执行的严格

图9-7　广东澄海樟林古港周边聚落
（来源：王新征　摄）

程度而论，地域之间实际上存在着不小的差异。就明清时期的情况而言，京畿地区长期作为王朝政治中心，在很大程度上影响了整个地区的文化性格，受统治阶层文化影响，重宗法制度、伦理纲常、社会秩序，建筑等级制度森严，格局形制严谨规矩，少有规模特别宏大者，在屋顶形式等方面也严格遵循建筑等级制度的要求，使建筑的屋顶成为宗法制度支配下等级清晰的社会结构的反映（图9-8）。北方的陕西、山西、河南、山东等地，传统社会晚期因土地兼并及民间商业发展，豪门大户甚多，特别是返乡的达官显宦以及晚清的豪商巨贾，掌握着巨大的财富，因此多有多路、多进、规模宏大、结构复杂的宅邸。但因所处位置关系，以及商业活动与京畿地区的密切联系，在文化上受政治中心影响较大，在屋顶形式、材料、色彩等方面仍较严格地遵循建筑等级制度的要求（图9-9）。而部分远离统治中心、经济上商业活动占比较高、文化上受外来文化影响较强烈的地区，则表现出对建筑等级制度一定程度上的敷衍与偏离。例如福建闽南地区，明清时代相对远离统治中心的地理位置、民间的富庶以及经济模式上对海洋的依赖，造就了闽南文化中对待主流官方政治与文化的矛盾态度。一方面，闽南地区总体上对中央政府持恭顺态度，少有公开的暴力对抗，对政府赋予的合法

图9-8　北京恭王府硬山顶、卷棚顶
（来源：王新征　摄）

图9-9　山西阳泉官沟村银圆山庄民居建筑群
（来源：王新征　摄）

图9-10　福建泉州漳里村蔡氏古民居建筑群
（来源：李雪　摄）

化身份也非常看重；另一方面，在行政统治和官方文化的控制与影响所不及之处，闽南民间对逾越制度的行为总体上也有着相当的宽容。关于后者的一个例证是，即使在海禁最为严格的时期，闽南民间带有走私性质的私人海上贸易仍然保持着相当的规模，亦商亦盗的情况也非常普遍。这种对待官方制度和文化的双重态度也反映在闽南地区的乡土建筑当中，在规模宏大、布局复杂的闽南大型多天井组合式民居建筑群中，对称的布局、深远的纵深、连续的立面、错落的屋顶，加之浓烈的红色基调和华丽的装饰，使其具有了与一般乡土民居迥异的美学效果，反而接近了传统官式建筑的审美表达，被称作“官式大厝”，民间俗称“皇宫起”（图9-10）。明王士懋《闽部疏》中记载：“泉、漳间烧山土为瓦，皆黄色。郡人以海风能飞瓦，奏请用筒瓦。民居皆僭似黄屋，鸱吻异状。官廨、缙绅之居尤不可辨。”①

乡土建筑中屋顶形式与意义的丰富性，不仅仅来源于对待建筑等级制度的不同态度，更与乡土建筑地域性的各个维度密切相关，体现了地域自然地理、经济技术、社会文化环境的影响。与官式建筑不同，乡土建筑特别是民居建筑中合院式的空间形态更为明显，因此屋顶形式的选择需要更多地考虑合院形式的需求。例如在一些实例中，屋顶的形式明确和强化了合院形态的方向性。平屋顶显然没有明确的方向性，通常的两侧对称的双坡屋顶也是一样。

① 王士懋. 闽部疏（明宝颜堂订正刊本影印）. 台北：成文出版社有限公司. 1975：28.

图9-11　北京门头沟爨底下村民居
（来源：王新征　摄）

图9-12　四川成都洛带古镇民居
（来源：王新征　摄）

但是单坡屋顶和两侧屋面长度、坡度不相同的双坡屋顶则具有明确的方向性，这种方向性会对合院式空间的内向性起到强化或者削弱的作用。在南方地区“四水归堂”的屋顶形式中，即使不考虑水在这种建筑文化中所具有的寓意，这种方向向内的单坡屋顶的组合也具有强烈的指向中央院落的方向性。

另一个例子是，不同的院落尺度也会显著影响屋顶的形式。在北方地区的民居建筑中，因为院落的尺度较大，围合成合院的各个建筑单体（正房、厢房、倒座）之间一般是彼此分开的，仅仅通过独立的墙体连接在一起。在这种情况下，单体建筑的屋顶形式一般独立而完整，悬山、硬山屋顶的山墙面通常也成为较为重要的形式要素，建筑群体形态中坡屋顶与山墙之间的对比和组合往往成为重要的形式语言（图9-11）。而在南方地区，院落多缩小成为天井，相应地围合合院的各个建筑单体的屋顶也就连接成为一个整体，有利于多雨环境下的宅内交通组织。甚至多有整个聚落的民居均处于一个连续的屋顶覆盖下的实例。在视觉形态方面，建筑单体山墙面的重要性削弱，不同方向坡屋顶的组合成为建筑群体视觉形态的主要特征，同时屋顶形式交接关系复杂多变（图9-12）。

9.3　墙体的挑战

如前文中所言，在官式建筑中，木框架结构和小木作围护墙体在建筑结构和围护体系中占据着绝对的主体地位，但是如果将视角从官式建筑转向乡土建筑，在很多地区的乡土建筑中，砌体结构也在建筑结构体系中占据了相当的比重，甚至成为地域乡土建筑的主导结构体系，而砖砌、石砌、土坯与生土墙体更是在很多地区的乡土建筑围护体系中占据了主体地位。相应地，在建筑的形式特征方面，围护墙体也开始占据了越来越重要的位置，对屋顶形式的统治地位发起了挑战（图9-13）。

图9-13　江西婺源篁岭村民居
（来源：杨茹　摄）

图9-14　贵州黔东南肇兴侗寨
（来源：王新征　摄）

乡土建筑中墙体形式较之官式建筑占据更为重要地位的原因，大体上可以归结为如下几个方面。首先，乡土建筑的营建活动受成本限制严格，也很难接受建筑材料的长距离大规模转运，因此在很多地区木材逐渐成为一种较为昂贵的材料，特别是经过唐宋时期人口和城市的发展以及宋末至明初的战乱，传统统治中心地区的林木已所剩不多，大口径木材常需在南方边陲山区采伐，运输不便。在这种情况下，因地制宜地使用石材、砖和生土来建造围护墙体，对于很多地区的乡土建筑来说是一种较为经济的选择。这种材料选择的变化必然导致建筑形式中墙体地位的提升。关于这一点的一个反面的例证是，在云南、四川、贵州等林木资源相对较为丰富的地区，乡土建筑中墙体形式的重要性始终受到屋顶的压制（图9-14）。其次，相对于官式建筑，乡土建筑在形制上更为依赖合院式的空间组织模式所带来的安全性、私密性和场所感，对合院形式的内外差异更为强调，因此也有更强的动力在建筑外围护界面上通过高耸的封闭墙体形成封闭、厚重的视觉感受。同时，乡土聚落中更高的居住密度条件下的防火需求也促进了墙体形式的普及和发展（图9-15）。再次，乡土建筑的营建活动，在建筑的规模、体量、色彩、装饰上都受到建筑等级制度较为严格的限制，特别是在屋顶形式方面的限制尤为明显。因此，乡村中依靠土地兼并或商业活动积累了财富的阶层，主观上有通过墙体形式等受建筑等级制度限制较少的要素体现财富的需求。最后，明清时期，烧结砖的生产成本显著降低，砌筑技术亦趋于普及，相对于在耐久性和审美向度上存在明显缺陷的生土和受到地域资源状况严格限制的石材，烧结砖的普及在很大程度上促进了乡土建筑中墙体形式重要性的提升。

对于乡土建筑墙体视觉形式的发展来说，两种建筑形式在其中起到了至关重要的作用。其一是硬山屋顶。硬山屋顶在乡土建筑中的普遍应用应该是与明代烧结砖生产与砌筑技术的普及相伴随的，因其更优秀的耐火能力而逐步取代了悬山屋顶，成为乡土建筑中最主要的屋

图9-15 浙江松阳杨家堂村
（来源：江小玲 摄）

图9-16 山西襄汾丁村明代民居硬山屋顶
（来源：王新征 摄）

图9-17 安徽歙县呈坎村明代罗东舒祠硬山屋顶
（来源：张屹然 摄）

顶形式（图9-16、图9-17）。

硬山屋顶一方面在形式上保留了之前悬山屋顶博缝板形式的痕迹，另一方面在构造上完全依赖于砖砌建造技术的发展。硬山山墙砌筑技术的复杂之处在于与屋面的交接，垂直向的墙体与倾斜的屋面产生的复杂交接关系，都需要在硬山墙面的做法上给予清晰的表达，每个部位都相应地有特殊的处理方式，特别是山尖、拔檐、砖檐、博缝、墀头等部位，都需要重点特殊处理。山尖处的处理主要是要使砖砌墙体的形状与屋面曲线吻合，因此首先每一层砖

图9-18　河南巩义康店镇康百万庄园山墙拔檐、博缝（来源：王新征　摄）

图9-19　江苏徐州户部山古建筑群山墙拔檐、博缝（来源：王新征　摄）

两端应比下一层退进，退进的尺寸按照屋面的坡度计算，称为“退山尖”。其次应把每层两端的砖砍成直角梯形，其中梯形的斜边角度与屋面坡度相吻合，称作“敲山尖”。然后用灰将山尖的形状抹顺后，才可以砌拔檐、博缝和砖檐。拔檐砖砌筑完成后，用麻刀灰将后口抹严，防止渗水，称作“苫小背”。之后向上砌几层砖，比博缝略低，用麻刀灰抹好，称作“金刚墙”，在其上砌筑博缝。博缝两端为专门制作的博缝头，是重要的装饰部位。中间用博缝砖砌筑，砌筑时也需要过肋，多采用干摆或丝缝做法。砌筑时博缝砖要用铁制的钉子固定在椽子上，然后灌浆并用麻刀灰将上口抹平。除了使用专门的博缝砖外，也有用普通条砖陡砌成博缝的（图9-18、图9-19）。墀头是指山墙两端伸出檐柱或檐墙之外的部分，作用主要是支撑出檐。墀头的盘头部位使用方砖或条砖砍制的构件逐层砌筑而成，按官式建筑做法，从下到上分别为荷叶墩、混砖、炉口、枭、头层盘头、二层盘头、戗檐，称作六盘头，也有没有炉口的，称作五盘头，此外也有以挑檐石代替混砖、炉口、枭的做法。乡土建筑中盘头的做法非常多样化，地域之间往往有较大差异，挑檐石、挑檐木的使用方式也更为灵活多变。同时盘头常饰以精美的砖雕，成为建筑中重点的装饰部位（图9-20）。

在视觉形态上，相对于庑殿、歇山屋顶的深远挑檐以及悬山屋顶出挑出山墙之外的屋面对墙体形式的压制，硬山建筑中的墙体首次具备了完整的视觉形式，以及与这种视觉形式相对应的构造做法和装饰技艺。从而使中国传统建筑获得了可以与坡屋顶的屋顶形式相比拟的另一种形式语言（图9-21）。

其二是封火山墙。封火山墙是墙体伸出屋面的建筑形式，可以视为硬山屋顶形式的进一步发展。对于封火山墙形式的起源，多数认为来自于防止火灾蔓延的需要。例如1977年安徽歙县出土的明代正德年间“德政碑”所刻《徽郡太守何君德政碑记》中记载了弘治年间太守何歆在徽州推行以砖砌墙垣防火的做法：“徽郡城中，地狭民蕃，闾舍鳞次而集，略无尺寸间隙处，其于郭外与各都鄙亦然。所最虑者，火患耳。其患或一年一作，或一年数作，或数年一作。作之时，或延燔数十家，或数百家，甚至数千家者有之。民遭烈祸，殆不堪病……弘治癸亥夏，何君以名御史来守是郡，首究前惑，深惩之。既而历行通衢，乃叹曰：'民居稠矣。无墙垣以备火患，何怪乎千百人家不顷刻而煨烬也哉！郡治正门，固无与也。'……诘朝，君乃召父老骈集于庭，喻之曰：'吾观燔空之势，未有能越墙为患者。降灾在天，防患在人。治墙，其上策也。五家为伍，甓以高垣。庶无患乎。'或曰：'富家固优为谋矣，如两贫不相朋，两强不相下，何？'君乃下令，曰：'五家为伍。其当伍者，缩地尺有六寸为墙基；不地者，朋货财以市砖石，给力役。违者罪之。'……不期月，城内外墙以道计者，二千有奇。其各都鄙亦奉令，惟谨随。所在俱不下千有余道。至如岩寺一镇，富庶尤多，服义化从为速，其墙垣道数与城内外等……未几，通衢又告灾，灾不越五家而止，邻里各暇为据。索利乘机攘夺者，举袖手无措。民乃知筑墙以御火者，太守德政，真不可忘也。"碑记中所记载的虽非今天所说的马头墙，而更近似于坊间的独立墙垣，但确实体现了以高出屋面的墙体防止火灾蔓延的思路，同时很可能在事实上影响了其后徽州地区乡土建筑形式的发展，这与徽州地区今存明代

图9-20　北京门头沟三家店村民居大门盘头砖雕
（来源：郑李兴　摄）

图9-21　北京恭王府山墙
（来源：王新征　摄）

图9-22　安徽屯溪明代民居程氏三宅封火山墙
（来源：王新征　摄）

中后期民居实例中阶梯状封火山墙形式开始盛行在时间上也是相符的（图9-22）。但同时也有其他的解释，例如，明代王士性的《广志绎》中记载："南中造屋，两山墙常高起梁栋上五尺余，如城垛然，其内近墙处不盖瓦，惟以砖甃成路，亦如梯状，余问其故，云近海多盗，此夜登之以瞭望守御也。"[①]认为岭南地区封火山墙的形式来自于防御海盗。

图9-23　江西婺源西冲村民居封火山墙
（来源：杨茹　摄）

封火山墙在视觉形式上高出屋面，使墙体形式彻底摆脱了屋顶的限制，获得了空前的自由度。在封火山墙应用广泛的地区，高耸的封火山墙往往对屋顶形成遮挡，使墙体形式成为乡土建筑形式语言的主体（图9-23）。而即使在仅限于局部应用的情况下，封火山墙也可以依靠着与坡屋顶形式的对比与组合，为乡土建筑的形式语言赋予全新的内容（图9-24）。在长期的发展演化中，南方各地乡土建筑中发展出丰富多彩的封火山墙形式，往往成为地域建筑风格和形式的重要特征之一（图9-25）。

① 出自《广志绎·卷之四　江南诸省·广东》。王士性．广志绎．吕景琳，点校．北京：中华书局，1981：103.

图9-24　四川崇州元通镇民居封火山墙
（来源：王新征　摄）

图9-25　广东德庆武垄村民居镬耳山墙
（来源：李雪　摄）

第10章　装饰

和整个建筑形象问题所面对的状况类似，中国传统建筑中对待建筑装饰问题的态度同样处于一种暧昧状态。一方面，独特的建筑装饰体系是中国传统建筑营造体系最引人注目的特征之一，在建筑单体的体量、高度总体上都较有限的情况下，建筑装饰也是中国传统建筑视觉形象表达最重要的手段之一。另一方面，崇尚俭德的“卑宫室”观念又始终限制着建筑装饰的应用和技艺的发展，建筑等级制度也对建筑装饰的应用范围、装饰内容和装饰手法有着严格的限制，并在很大程度上主导着中国传统建筑装饰技术和艺术的发展方向和进程。

10.1　色彩与尺度

相对于现代建筑来说，各文明中的传统建筑无疑都将装饰作为重要的内容，但其传统建筑装饰体系的特征，又因所处的自然地理、社会文化条件以及建筑营建体系的整体逻辑不同而表现出明显的差异。以中国传统建筑装饰而论，相对于其他诸文明和建筑传统来说，在多个方面都体现出了较为明显的独特性。

中国传统建筑装饰最直观的特征之一是用色的大胆。尽管很多建筑传统中在特定历史时期都有过色彩丰富的建筑装饰类型，但中国传统建筑装饰特别是官式建筑装饰体系中色彩的应用仍然是非常突出的。官式建筑中宫殿、寺庙等重要的建筑类型中，无论是大木结构，还是小木作内外檐装修，又或是围护墙体，基本完全被油饰、粉刷、彩画、彩绘的色彩所覆盖，以至于很少显露木材、砖、生土材料本身的色彩和质感，与被彩色琉璃瓦覆盖的屋顶一起，形成令人印象深刻的色彩组合（图10-1）。

图10-1　宫殿建筑的色彩体系
（来源：王新征　摄）

传统官式建筑对色彩的热爱，与木材在建筑中的普遍应用是分不开的。木材的耐久性和耐候性总体上较差，特别是雨水的侵蚀和虫蚁的蛀蚀对于木材来说是非常大的威胁。在这种情况下，在木材表面以漆或油覆盖是非常自然的选择。相应地，油饰、彩画

图10–2　宫殿建筑的色彩对比
（来源：王新征　摄）

也就成为木构件装饰乃至整个中国传统建筑装饰体系中最为重要的内容。同时，传统时期的五行学说对建筑中的色彩应用也有一定促进作用。

中国传统官式建筑的色彩体系经历了长期的发展，对色彩的运用规律有了较为成熟的认识，对于饱和度高、对比强烈色彩的组合使用经验丰富。例如明清时期宫殿建筑中屋顶、墙体、柱身等阳光直射的部位采用大面积的暖色纯色，而檐下阴影中的部位则采用冷色的彩画。一方面色彩的冷暖对比与阳光的光影对比有相互强化的效果，另一方面彩画主要位于阴影之中，对比度和饱和度均被弱化，使得图案不至于在建筑整体视觉效果中过分凸显出来（图10–2）。

中国传统建筑装饰另一个直观的特征在于尺度。与其他建筑传统中的装饰艺术相比，中国传统建筑装饰的尺度相对更为近人。无论是在乡土建筑中还是官式建筑中，都很少有超大尺度的建筑装饰，且各种建筑类型、各个装饰部位、各种装饰类型之间总体上尺度差异不大。如果说乡土建筑中装饰的尺度一定程度上受到成本和技术水平的限制的话，那么官式建筑中的同样状况即使考虑到“卑宫室”观念的影响也仍然是相当不同寻常的，毕竟相对于建筑高度和体量的增加来说装饰尺度的增大通常并不意味着难以接受的成本，甚至相对于繁复、密集的小尺度装饰来说，单一的大尺度装饰在人工成本方面往往要更低一些。

这其中当然有建筑整体尺度方面的原因，中国传统建筑单体整体上尺度不大，高度不高，受主要建筑材料木材的天然尺寸影响，建筑构件的尺度总体上来说也不大，相应地，建筑装饰的尺度也会与建筑的整体尺度相协调。

另一个原因在于，在中国传统建筑体系中，装饰艺术的应用虽然普遍，但并不是建筑的核心内容，装饰永远是依附于建筑而存在的。一方面很多装饰都源于实用功能，例如前述硬山式建筑山墙面山尖处的拔檐、博缝砖细装饰就是源于山墙面与屋顶交接部位防止雨水渗漏的需要。有一些装饰做法虽然在发展中逐渐丧失了实用性，但仍大体上保留着实用主义起源的痕迹，例如官式建筑中梁柱交接部位的彩画图案就保留了早期木建筑中作为结构强化构件的铜制“金釭”的形式特征。而作为中国传统木结构建筑典型特征之一的斗栱，也经历了从具有装饰功能的结构构件到纯粹装饰构件的发展过程。另一方面，即使没有实用功能的纯粹装饰做法，也是依附于建筑本体的，作为建筑本体的一部分而存在。其目的是装饰服务于建筑，而非建筑服务于装饰。这就使得装饰的尺度不可能超出建筑的基本尺度。

此外，影响建筑装饰尺度的一个重要因素在于观察与欣赏的视角。与中国传统建筑中对待这个问题的整体态度相一致，建筑中的人“看”装饰的视角是一种平常的、人行进或停留于建筑之中的视角，而非外在于建筑的特殊视角，是一种动态的、日常化的视角，而非静止的、纪念性的视角。人“看”装饰的时候，正是使用者生活于建筑当中，或者游览者游走于建筑当中的状态。以至于在一些例子中，甚至能够看到精美的装饰出现在从当代人欣赏建筑来说非常次要的视角所涉及的部位（图10-3）。这种视角的平常化必然排斥建筑体量、建筑构件乃至建筑装饰的超常尺度。

图10-3　陕西旬邑唐家村唐家大院墙体石雕、砖雕（来源：王新征　摄）

中国传统建筑中对于平常化、动态化视角的强调，一方面与中国传统城市和建筑实际建成环境的特征有关，另一方面也受到中国传统时期审美文化的影响。在实际建成环境方面，中国传统建筑合院式的空间组织模式决定了人对建筑的体验模式必然是分散的、动态的、日常化的，而在城市和聚落层面，类似西方城市中的广场这样的大尺度公共空间的缺乏，使得静止的纪念性视角很难受到重视。在审美心理与文化方面，中国传统时期的建筑审美乃至整个审美心理和审美文化中，都更倾向于动态的、日常化的而非特定视点的、纪念性的审美视角。关于这一点一个典型的例子是，中国传统时期并没有产生当代意义上的透视法。

今天人们通常认为透视法（perspective）是对客观世界视觉形态的真实而准确的描述，实际上尽管对基本的透视规律的定性化的认识在远古的时候就已经产生并且表现在原始的艺术作品中，但即使在西方世界真正现代意义上的线性透视法（linear perspective，下文中，除非特别说明，通常提及透视法时所指的即是这种狭义的概念）却直到文艺复兴时期才出现，而完整的直角投影画法的出现更是要晚至18世纪。而中国在和西方就这个领域有充分的交流之前一直都没有形成基于单一焦点的线性透视法。鉴于透视法在平面艺术中的运用很大程度上反映了人类通过视觉观察世界的角度和方式，这些事实说明了一个问题，即基于透视特别是线性透视的观察方式并不是唯一正确的方式，它并不比其他的观察方式具有天然的正确性，尽管在一些特定的条件下这种方式确实更有效地满足了我们的需要。并且，虽然今天人们更多地强调透视法与严谨的几何制图的联系以表明其科学性，但其最初的产生却是源自透过玻璃看物体并在玻璃上直接描摹出所见的形态。换句话说，透视法仍然主要是一种经验化的方法。相应地，其对应的观察方式也同样并没有脱离一种经验化的观察方式的范畴。

对于建筑形态和城市空间来说，透视法在平面艺术领域的普及化以及在其推动下人类认知世界的方式所发生的变化具有深远的意义。透视法规定了一种静态、稳定的观察世界的方式，并且把这种方式上升为一种标准。通过这种标准，建筑和城市视觉形态的优劣和一种特定的画面效果联系到了一起，从传统的手绘建筑画到当代的电脑效果图，这种画面效果传达着内在的一致性，一种共同的审美标准。对这种标准的满足，因而成为建筑形态和城市空间设计中刻意追求的目标，在一些极端的情况下，这个目标甚至被作为建成环境优劣评价最重要的标准。

在这种情况下，一方面，对体量感的强调被赋予了前所未有的重要地位，那种在三个维度上充分展开的体量能够使线性透视的视觉优势得到最大限度的展现，因而得到了建筑师和艺术家们的喜爱。另一方面，基于透视法的观察方式对建筑形体的丰富性提出了更高的要求。透视法所代表的观察方式是一种基于固定视点的静态的观察方式，与人们在建筑和城市中行进的过程中伴随的观察体验的丰富性和随心所欲相比，固定视点的观察方式在丧失了运动所带来的时间维度的丰富性的情况下，必然要求建筑和空间自身的丰富性来对此加以弥补。此外，这种观察视点的固定化同时也意味着特定尺度的形态要素得到了最大化的关注，而其他尺度的要素则因为在固定视点和观察距离上难以产生明显的视觉影响力而趋于弱化。典型的例子就是建筑表面装饰内容意义的削弱，尽管能够带给建筑在各种尺度上的丰富性，但装饰的价值在观察者与建筑处于接近的距离上时才得到最主要的体现，而这种观察者的运动和观察距离的变化无疑是被基于透视法的观察方式所排斥的。因此，虽然建筑领域明确地全面反对装饰的潮流晚至20世纪才出现，但是从文艺复兴时代开始，相对于对体量感和大尺度的形态要素的追求，装饰在建筑和城市空间中的地位一直是在逐渐削弱的，并且对装饰的关注也逐渐从对装饰本身的内容和形式的关注转向对于装饰作为建筑外表面的一种可以产生视觉效果的纹理、质感甚至是作为一种材料的关注。并且，这种对于与特定观察距离相对应的特定尺度形态要素的强调通过广义意义上的透视法中的空气透视（aerial perspective）或者说“空气感”之类的概念以理论的形式确立下来并得到进一步强化。最终，基于透视法的观察方式的这一系列的影响在改变建筑和城市形态中显出一致性的指向，即指向建筑和空间形态在特定观察方式下所呈现出的“单一层次的丰富性”。

而在中国传统时期，并没有经历透视法的产生这样一个城市观察和体验方式发生显著变化的过程。相应地，在建筑和城市形态的发展历程中也没有西方建筑中从文艺复兴一直到现代主义建筑运动这一具有明确方向性的进程。因此，一方面清晰的体量感、明确的几何形态、强烈的光影等要素一直没有成为影响建筑和城市形态的主导性要素，对装饰性细节的迷恋也一直延续到近代开始与西方的充分的文化交流为止，另一方面，建筑装饰的尺度也从来无需迁就特定视角观察和欣赏的需要，而是始终保持了与游走过程伴随发生的近距离欣赏的状态。虽然这种差异无疑是自然地理和文化等诸种要素综合作用的结果，但确实很难否认空间观察和体验方式的根本性差异在其中所起到的重要作用。

中国传统建筑装饰对动态化、日常化的视角即与游走过程伴随发生的近距离欣赏状态的强调的一个例证，是对城市、聚落与建筑中行进路径中重要节点部位的装饰的重视。例如在城市和聚落中，门坊、牌坊强调了路径的通过性，同时因为牌坊的营建往往带有褒扬忠君、报国、节孝、科举等功德的意图，对空间的场所感和文化内涵往往具有重要意义，因此常常成为装饰的重点（图10–4）。而

图10–4　山东桓台新城镇城南村四世宫保坊
（来源：王新征　摄）

图10-5　山西太谷北洸村三多堂大门
（来源：王新征　摄）

在进入建筑的路径中，建筑的大门往往是重要的具有标志性的视觉节点，同时也起到提示和引导空间中的人流方向的作用，因此往往也是装饰的重点部位（图10–5）。而在建筑内部和入口处，影壁位于空间中重要路径的转折之处，同时也是行进中视线的焦点，因此其视觉效果得到充分的重视，相比普通墙体装饰的密度更高，也更为精致（图10–6）。

10.2　题材与内容

如果说大胆的用色和近人的尺度是中国传统建筑装饰在视觉形式方面的重要特征的话，那么在装饰图案的题材和内容方面，中国传统建筑装饰则以题材内容的世俗化为其最为重要的特征。这种世俗化不仅仅体现在住宅等世俗功能的建筑中，祭祀类的祠堂、民间信仰庙宇等建筑类型中的装饰也大体上以乡土建筑中常见的装饰题材为主，并未发展出独立于住宅建筑之外的装饰体系。同时因为乡土聚落中的祠堂、庙宇在平面格局和建筑形态上通常都与同地域的居住建筑相近似，相应地其中建筑装饰的重点位置和技术类型也大体上采用地域乡土民居中常用的做法（图10–7）。而在采用官式建筑形制的孔庙、道观、佛寺等大型宗教类建筑中，装饰的重点位置、技术类型乃至题材内容等则多参照官式建筑中的对应样式，仅为避免“逾制”做适当调整。同样没有为儒家、道教、佛教宗教建筑创立独特的装饰系统。

究其原因，最为重要的自然是来自于中国传统文化整体上的非世俗化的影响。道教、佛教以及儒家思想等中国传统时期最为重要的精神信仰来源均带有强烈的世俗化倾向，并与纷

图10-6 浙江宁波秦氏支祠照壁
（来源：王新征 摄）

图10-7 广东揭阳棉湖镇永昌古庙建筑装饰
（来源：王新征 摄）

繁复杂的民间信仰紧密地联系在一起。这种真正意义上的宗教文化的缺失或者说世俗思想始终居于精神世界之主流的状况，对中国建筑的发展有很大的影响。在建筑装饰方面，最为明显的就体现在装饰的题材和内容方面。

需要注意的是，在中国传统建筑装饰的题材和内容中，确实有来自于宗教的题材，例如来自于道教传说故事的八仙过海、来自于佛教的八宝等，但这些题材并没有被限制为所对应宗教建筑中专门化的装饰内容，而是被纳入到整个建筑装饰题材系统中，在官式建筑和乡土建筑中的世俗化建筑类型中都成为常用的装饰题材。并且通常其图案的宗教内涵已经消失或极度弱化，仅保留单纯的美学形式与祝福意义而已。

另一方面，宗教建筑形制的地域化趋向也使得其形式中容纳了越来越多的世俗化内容。即使是正规化的大型寺观，其建筑形制按照宗教仪轨有明确的要求，但在具体的建筑形式方面仍然会体现出地域建筑风格的影响。而在建筑装饰方面，这种地域化倾向甚至有些时候表现得更为明显。这种建筑装饰的地域化，也为宗教建筑装饰的题材和内容增添了更多世俗化的内容（图10-8）。即使是孔庙这样带有明显官方意识形态色彩和教化功能的建筑类型，其建筑形式和装饰内容的地域化程度在一些实例中也会达到很高的水平。

即使是基督教、伊斯兰教等外来的、本土化程度相对较低的宗教，在建筑的形制方面同样也常有本土化的做法，在平面功能组织模式和建筑形式方面，都会因地域的文化和审美特征做出相应的调整。因为与建筑的使用功能关联度较低，在建筑装饰方面这种外来宗教的本土化现象通常会表现得更为明显，甚至出现一些不符合相关宗教教义的地域性装饰题材与

图10-8　福建泉州通淮关岳庙
（来源：王新征　摄）

内容。

具体地看，中国传统建筑装饰的题材大体上包含如下方面的内容：

1. 神话传说

例如龙凤呈祥、双龙戏珠、和合二仙、麒麟送子、三星高照、八仙过海、刘海戏金蟾等（图10–9）。

2. 民间故事

例如成语典故、小说故事、戏曲人物、二十四孝、文王访贤、桃园结义、三顾茅庐、刀马图、渔樵耕读等（图10–10）。

3. 自然、建筑

例如山川、湖泊、河流、树林、农田、亭台楼阁、桥梁、城楼、船舫等（图10–11）。

4. 动物、植物

例如龙、凤、麒麟、狮子、梅花鹿、耕牛、仙鹤、喜鹊、蝙蝠、鹌鹑、鲤鱼、松柏、竹子、山茶、玉兰、荷花、梅花、兰花、牡丹、月季、菊花、海棠、柿子、葫芦、石榴、枫叶、莲蓬等（图10–12）。

5．器物

例如花瓶、如意、香炉、书卷、乐器、算盘等（图10–13）。

6．书画题材

例如国画、书法、诗文、印章、匾额、楹联、寿字等（图10–14）。

7．抽象图案

例如回纹、万字、云纹、卷草、博古、八卦、河图、洛书等（图10–15）。

此外必须注意的是，尽管在题材和内容方面高度世俗化，但这并不意味着中国传统建筑在装饰图案的选择方面仅仅依据形式上的美感。传统建筑装饰题材与传统社会生产生活的各

图10–9　江苏扬州吴道台宅第仪门“三星高照”砖雕
（来源：王新征　摄）

图10–10　山西榆次车辋村常家庄园影壁“首阳二贤”砖雕
（来源：王新征　摄）

图10–11　山西晋中静升镇王家大院影壁砖雕
（来源：王新征　摄）

图10–12　北京恭王府盘头砖雕
（来源：王新征　摄）

图10–13　山西榆次车辋村常家庄园墙面砖雕
（来源：王新征　摄）

图10–14　山西榆次车辋村常家庄园影壁砖雕
（来源：王新征　摄）

图10-15 江西婺源延村民居门头砖雕
（来源：江小玲 摄）

图10-16 北京恭王府银安殿油饰、彩画
（来源：王新征 摄）

个方面之间存在着千丝万缕的联系，受到历史、社会、文化和审美取向等因素的制约，也会受到绘画、雕塑、手工艺等相关艺术形式题材与内容的影响。除了纯粹形式的美感，传统装饰题材和图案更追求所蕴涵的意义，其中常有以借代、隐喻、比拟、谐音寓意的做法。或者表达居住者的志向意趣，例如以梅兰竹菊寓意品行高洁等；或者表达吉祥祝福，例如以松树和仙鹤的图案寓意松鹤延年，梅花和喜鹊的图案寓意喜上眉梢等。因此，装饰的应用，无论对于官式建筑还是乡土建筑、民居建筑还是公共建筑来说，都能够最为直接地表达营建者的所思所想，将抽象的空间与传统社会的情感、信仰、文化和审美最为紧密地联系在一起。

10.3 材料与技术

按照建筑装饰的技艺类型和来源来划分，中国传统建筑装饰可以分为如下几个大类，每个大类中根据材料、手法和表现方式的差异又可以划分为若干类型。

10.3.1 平面装饰技艺

平面装饰类技艺以材料、构件表面的涂、绘为主要技术特征，是中国传统建筑装饰中最具鲜明特色的装饰类型。大体上包含油饰、彩画、彩绘等子类型。

油饰和彩画是应用于木材表面的装饰类型。油饰从其来源来看是改进木材防水、防潮、防虫蛀等耐久性性能的饰面措施，很多地区的乡土建筑中仅使用桐油覆盖木材表面，大体上放弃了油饰的装饰功能。但在官式建筑中，丰富的色彩使得油饰成为中国传统建筑装饰中最为重要的类型，并在很大程度上界定了中国传统建筑的整体视觉形象（图10-16）。乡土建筑中油饰色彩装饰的使用受到建筑等级制度的限制，在乡土建筑中大量采用油饰装饰的类型中，大体可以分为两种情况，一种是京畿地区等明清时期受官方审美文化和官式建筑风格影响较大的地区，油饰的色彩严格遵循建筑等级制度的规定，用色谨慎，效

图10-17　河北正定马家大院建筑油饰
（来源：王新征　摄）

图10-18　福建厦门青礁村颜氏家庙崇恩堂木构架油饰、彩画
（来源：李雪　摄）

果朴素（图10-17）。另一种是闽、粤等东南沿海地区或西藏等少数民族地区，传统上或因地处偏远，或因外来文化、民族文化的影响，建筑形式受官方审美文化和官式建筑风格影响较弱，油饰用色大胆，很多时候会突破建筑等级制度的限制。

彩画和油饰基于近似的技术流程，但其表现方式不同，除了颜色之外，彩画更把图案当作装饰表达的重点。与油饰相类似，彩画的使用特别是图案的类别受到建筑等级制度的甚至更为严格的限制，因此在乡土建筑中的使用状况也大体与油饰类似，既有模仿官式建筑的装饰样式同时谨慎地遵守等级制度限制的做法，也有在审美观念和制度约束方面都表现得极为大胆的例子（图10-18）。

与彩画依托于木材不同，彩绘所附着的介质是围护墙体。与木材通过油饰来提高耐久性类似，生土和砖砌墙体也有通过抹灰和粉刷提升防水、防潮等耐久性能的做法。石砌墙体虽然一般没有耐久性问题，但在一些地区也有通过抹灰和粉刷提升墙体密闭性和增进美观的做法。宫殿、寺庙等官式建筑中多有红色、黄色的墙体粉刷，而在民居中则多为白色，具备简单的饰面效果，并不强求其装饰意义。墙体的装饰则通过彩绘来实现，彩绘的打底环节大体上与墙体抹灰类似，为防止开裂，通常采用“纸筋灰”等掺入纤维材料的灰浆类型，待灰浆半干时以矿物颜料绘制。墙体彩绘在官式建筑中并不是主要的装饰手段，在乡土建筑中通常也限于建筑局部的应用，大面积使用的做法仅限于部分地区（图10-19）。

10.3.2　构件组合类装饰技艺

构件组合类技艺是指通过小构件的组合所形成的重复、秩序、韵律、镶嵌、镂空关系和图案感来产生装饰效果。主要用于木作和砖作装饰，在石作中也有应用。

木作是构件组合类装饰技艺的基础，砖作中砖细装饰技艺在很大程度上受到木作的影响，而石作中的类似装饰技艺则几乎完全模仿木作。通过大量木构件的组合来实现结构、构

图10-19 云南大理东莲花村民居转角马头彩绘
（来源：王新征 摄）

图10-20 浙江金华府城隍庙戏台藻井
（来源：王新征 摄）

造和装饰的功能，是中国传统木建筑营造技术体系的典型特征。在这当中，有斗拱这种既具有结构功能、又可以作为纯粹装饰的组合型构件，也有小木作中大量由多种木构件组合形成的带有强烈装饰性的实用构件。而像藻井、天宫楼阁这样的大型组合型装饰，更是通过大量构件所形成的秩序与韵律，结合斗拱、木雕、彩画等装饰手段，形成强烈的装饰效果，极大地强化了所处空间的整体氛围（图10-20）。

砖作营造体系中采用构件组合的方式获得实用功能和装饰效果的做法被称作砖细。广义上讲，砖细包括所有对砖材成品在使用前进行的二次加工，如砍、锯、铲、刨、磨等，《营造法原》中称之为"做细清水砖作"："砖料经刨磨工作者，谓之做细清水砖。"①按这个定义，传统建筑中砖砌墙体砌筑、砖地面铺墁技术中的相当一部分环节，都属于砖细的范畴。以墙体的砌筑为例，干摆、丝缝、淌白墙体，均需要对砖料进行不同程度的砍磨加工。在此仅关注砖细中属于装饰技艺的部分，即通过砍、锯、铲、刨、磨等方式，对砖料进行二次加工，使其形成需要的形状，并通过安装组合产生装饰性的效果。砖细工艺的发展，大体上是伴随着魏、晋、南北朝时期砖砌佛塔建筑的兴盛而逐渐普及的。在砖砌佛塔中，由于接受了伴随佛教传入的犍陀罗艺术风格的影响，同时也受到追求宗教建筑纪念性需求的激励，开始追求利用砌块的特点形成具有雕塑感的造型，在这个过程中，砍砖、磨砖等技术手段得到了普遍使用，基本奠定了后世砖细工艺的技术基础乃至砖砌装饰风格的总体基调。隋、唐、五代时期，砖砌佛塔通过

① 姚承祖，原著．营造法原．张至刚，增编．刘敦桢，校阅．北京：中国建筑工业出版社，1986：72.

预制异形砖或砍砖、磨砖进行装饰的做法更趋成熟、精美，其中密檐式塔多延续之前风格，使用须弥座、仰莲等佛教带来的外来装饰要素，而楼阁式塔则延续以砖仿木的逻辑，砌筑柱、额、栌斗等。宋《营造法式》“诸作功限二”一卷中“砖作”下有“斫事”[①]一项，即对砖进行砍削加工之意。明、清时期，伴随着砖在民居建筑中的普遍应用，砖细工艺的应用随之普及，技术水平也进一步提高。如《园冶》中记载：“如隐门照墙、厅堂面墙，皆可用磨或方砖吊角，或方砖裁成八角嵌小方；或砖一块间半块，破花砌如锦样。封顶用磨挂方飞檐砖几层。”[②]（图10-21）

图10-21　江苏扬州马氏住宅砖细大门
（来源：王新征　摄）

10.3.3　雕刻类装饰技艺

如果说构件组合类装饰技艺仍然是基于木材和砖作为一种建筑材料的基本建造逻辑，而只是在此基础上进一步结合了材料本身可加工和形塑的潜力以及来自于木作的榫卯连接方式的话，那么雕刻类装饰技艺则已经彻底远离了材料的营造逻辑，而将之视为一种适于雕刻的原材料，使用工具进行刻镂来制作装饰构件。其题材和手法也基本上远离了营造技术，而进入了传统工艺美术的范畴。木雕、石雕、砖雕是中国传统建筑中主要的雕刻类装饰技艺类型，分布地域广，在建筑中的使用方式也非常多样化，因而在整个中国传统建筑装饰体系中也占有着最为重要的位置，在其他装饰技艺的使用受到较为严格限制的乡土建筑中表现得更为明显（图10-22）。

图10-22　山西襄汾丁村民居木雕、石雕
（来源：王新征　摄）

相对来说，木材质地较软，也具有较好的韧性，是理想的雕刻材料，因此木雕也是应用

---

① 出自《营造法式·卷二十五　诸作功限二·砖作·斫事》。梁思成. 梁思成全集. 第七卷. 北京：中国建筑工业出版社，2001：344.

② 出自《园冶·卷三·六　墙垣·（二）磨砖墙》。计成，原著. 园冶注释. 陈植，注释. 北京：中国建筑工业出版社，1988：187.

图10-23　陕西旬邑唐家村唐家大院石雕
（来源：王新征　摄）

最为广泛的雕刻技艺类型。石雕、砖雕虽然依据各自材料的特性以及在建筑中应用部位的不同而有着各自的特点（例如，砖雕在雕刻完成，用磨头对粗糙之处进行打磨时，就需要注意并非一律打磨得越细越平越好，有时需要适当保留雕刻痕迹和锐利之处，更显精细，也符合砖雕材料和工艺的特点），但总体上与木雕在题材、表现力和技法方面都具有较高的相似性，例如其工艺类型都大体可以分为平雕、浮雕、透雕、圆雕。此外，木雕在使用中多有采用与油饰、彩画结合进一步增强表现力的做法，而石雕、砖雕虽然也有雕刻完成后表面上色的做法，但总体上应用并不普遍（图10-23）。此外，在清代，砖雕的发达成为清代建筑的特色之一，"清代工匠术语中称砖雕为'黑活'，黑活不受等级制度的限制，因此一般宅第、会馆、寺庙、店铺等均有大量的砖雕，达到砖雕发展史上的顶点。"[①]这一点在乡土建筑中体现得非常明显（图10-24）。

10.3.4　烧造类装饰技艺

烧造类装饰技艺是指通过烧制而成的陶瓷类装饰构件。在工艺流程和成品效果方面，烧造类装饰技艺与雕刻类技艺中的砖雕有较为密切的关联，两者均属于黏土经过造型和烧制后制成的装饰性建筑构件。不同之处在于，后者是在砖料烧制完成后通过雕刻进行造型，前者则是在烧制之前完成造型，之后通过烧制过程将造型固定下来。中国传统建筑中主要的烧造类装饰技艺包括陶塑和琉璃，此外还有交趾陶等地域性的做法。

陶塑与砖雕的工艺和烧造流程最为接近。广义上讲，陶塑装饰技艺的历史，几乎与制陶术产生以及应用于建筑之中的历史同样古老。从现有的考古证据来看，中国陶制品制作大体上肇始于旧石器晚期，成熟于新石器时期，在公元前3500~3000年的仰韶文化晚期遗址中已经发现了烧结砖。江西万年仙人洞新石器时期的遗址中，发现了外表带有绳纹的陶罐，而在陕西岐山赵家台遗址中则发现了西周时期拍印细绳纹的空心砖，同时陕西扶风、岐山的周原

① 中国科学院自然科学史研究所，主编．中国古代建筑技术史．北京：科学出版社，1985：313.

图10-24　浙江兰溪诸葛村民居门头
（来源：江小玲　摄）

遗址西周时期的板瓦、筒瓦、瓦当中，也有采用绳纹、雷纹、回纹、重环纹等纹样装饰的实例，说明了对陶制品——无论是作为器物还是建筑材料，在烧制之前进行形式塑造并通过烧制将形式固定下来的做法所具有的久远历史。由于与砖雕之间在烧制和造型塑造流程上的差异，在一些地区，将陶塑称为“窑前雕”，而将砖雕称为“窑后雕”。与砖雕相比，陶塑的造型塑造工作在黏土阶段完成，因此技术要求、制作难度和成本都显著低于砖雕，但造型手法相对受限，精细程度和装饰效果也较砖雕差。因此多用于屋面装饰构件等观看距离较远的位置，或者成本受限无法使用砖雕的场合（图10-25）。

琉璃是表面上釉的瓦及其他陶制构件，较之普通陶制品，琉璃具有更好的耐磨、耐水和耐久性能，色彩艳丽，装饰性好。早在南北朝时期已经有了在建筑中制造和使用琉璃瓦的记载（《南齐书·卷五十七　列传第三十八　魏虏》中记载北魏平城宫殿建筑时说“正殿西又有祠屋，琉璃为瓦”[①]），是陶土装饰构件发展史上的重要事件。唐宋时期，琉璃砖瓦的烧制和应用日趋普及，北宋开封佑国寺塔通体施琉璃砖瓦，说明其相关技术已较为完善。元明时期的琉璃烧制和应用技术较前代有较大发展。元朝统治者在艺术上总体追求金碧辉煌、富贵

① 萧子显．二十四史全译·南齐书．杨忠，分史主编．上海：汉语大词典出版社，2004：760.

图10-25 陕西旬邑唐家村唐家大院屋脊陶塑
（来源：王新征 摄）

华美的效果，促进了琉璃的使用。到了明朝，琉璃的制造技术更加成熟，琉璃瓦在宫殿和寺庙建筑中都有广泛的应用，琉璃砖则应用在琉璃照壁、琉璃塔、琉璃门、琉璃牌坊上，今存的明代实例包括山西大同代王府九龙壁、山西洪洞广胜寺飞虹塔、北京东岳庙琉璃牌楼（图10-26）等。明代南京大报恩寺琉璃塔是中国古代最高的砖塔，装饰华丽，在当时闻名海外，惜毁于太平天国运动时期（图10-27）。高等级官式建筑中大面积的琉璃瓦屋面，是中国传统建筑最重要的视觉特征之一。

交趾陶是一种施彩釉的低温软陶，是福建闽南、广东潮汕、台湾等地乡土建筑中具有地域特色的建筑装饰技艺类型。交趾陶多用于建筑中屋脊、墙面、水车堵等部位的装饰，色彩艳丽，极具装饰效果（图10-28）。

10.3.5 地域性装饰技艺

除上述在中国传统建筑中使用范围较广泛的类型外，还有一些装饰技艺类型仅仅在部分地区使用。这些装饰类型或是基于地域特定的资源条件，或是与地域的自然气候条件密切相关，又或者来自于地域文化和审美心理中的某种偏爱，从而形成乡土建筑装饰中独具地域特色的组成部分。例如灰塑、嵌瓷等，都是地域性装饰技艺的典型例子。

灰塑也称泥塑，是以石灰（沿海地区也有用贝灰代替石灰的）为主要原料，辅以河沙、

图10-26 北京东岳庙琉璃牌楼
（来源：王新征 摄）

图10-27 《荷兰东印度公司使节团访华纪实》中的南京大报恩寺琉璃塔图
（来源：《L'Ambassade de la Compagnie Orientale des Provinces Unies vers L'Empereur de la Chine，ou Grand Cam de Tartarie》）

图10-28 福建厦门青礁村颜氏家庙屋脊嵌瓷、交趾陶
（来源：李雪 摄）

图10-29 广东三水大旗头古村民居山墙、檐墙灰塑
（来源：彭建 摄）

纸筋、草筋、棉花、麻绒、颜料、红糖、糯米等辅料，用水调制成灰膏、灰浆，以铁丝为骨架，进行塑造并施以彩绘的装饰方式，一般多用于照壁、山墙、墙楣、墀头、屋脊、脊坠、门窗、檐下、水车堵等部位。灰塑适应了南方地区气候潮湿的特点，在广东和福建地区的乡土建筑中最为常见，是闽南、潮汕、广府、雷州等地乡土建筑中重要的装饰类型，在海南、广西、江西、两湖乃至川渝等地也有使用。灰塑采用灰膏、灰浆进行堆抹（称为“堆活”）、镂画（称为“镂活”），因其工艺特点一般称之为“软花活”、“堆活”，与砖雕被称为“硬花活”、“凿活”相对。此类装饰工艺应用灵活，便于修改、修补，但耐久性较差，精细程度也较砖雕差（图10-29）。

嵌瓷又称剪粘，是将彩色的瓷碗、瓷碟用特制的尖嘴剪剪成需要形状的瓷片，然后嵌入未干的灰泥中形成特定形状的装饰工艺，是闽南、潮汕和台湾地区特有的装饰样式。嵌瓷的效果华丽、繁复，一般用于屋脊、山墙等部位的装饰（图10-30）。

10.3.6　外来装饰技艺

图10-30　福建厦门青礁村院前社民居山墙垂带嵌瓷
（来源：谢俊鸿　摄）

中国传统建筑装饰技艺，既是中国传统营造技术和审美文化长期发展的结果，同时在其发展过程中也受到外来文化的影响，例如魏、晋、南北朝时期砖细、砖雕技艺的发展，是与其时砖砌佛塔建筑的兴起分不开的。而同时期石刻佛教造像的兴盛和犍陀罗艺术风格的影响，也推动了石雕、砖雕技艺的发展。但总体上说，发展到传统社会晚期，上述装饰技艺类型都在融汇多种来源的技艺和风格的基础上，发展出成熟的中国传统建筑装饰技艺和风格类型。但也有一些装饰类型，是在清代晚期甚至民国时期，才开始传入并在建筑中小规模地使用。虽然在其应用中也存在技术本土化的现象，但在总体上仍保持了作为输入性装饰技艺和风格的特征。这些装饰类型也构成了中国传统建筑特别是乡土建筑装饰体系中的一个组成部分。比较典型的例子包括广东、福建地区乡土建筑中的装饰性面砖、混凝土装饰构件、铁艺装饰构件等（图10-31、图10-32）。

图10-31　福建厦门海沧村民居面砖
（来源：李雪　摄）

图10-32　广东广州陈氏书院连廊铁艺
（来源：王新征　摄）

参考文献

[1] 纪昀．四库全书总目提要．石家庄：河北人民出版社，2000.

[2] 梁思成．中国建筑史［M］．天津：百花文艺出版社，1998.

[3] 戈特弗里德·森佩尔．建筑四要素［M］．罗德胤译．北京：中国建筑工业出版社，2009.

[4] 周学曾．晋江县志［M］．福州：福建人民出版社，1990.

[5] 屈大均．广东新语［M］．北京：中华书局，1985.

[6] 赵吉士．寄园寄所寄　卷下．上海：大达图书供应社，1935.

[7] 闻人军．考工记译注［M］．上海：上海古籍出版社，2012.

[8] 罗伯特·芮德菲尔德．农民社会与文化：人类学对文明的一种诠释［M］．王莹译．北京：中国社会科学出版社，2013.

[9] 宋应星．天工开物译注［M］．潘吉星译．上海：上海古籍出版社，2008.

[10] 柯律格．藩屏．明代中国的皇家艺术与权力［M］．黄晓鹃译．郑州：河南大学出版社，2016.

[11] 曹树基．中国移民史（第5卷）［M］．福州：福建人民出版社，1997.

[12] 顾炎武．顾炎武全集13［M］．上海：上海古籍出版社，2011.

[13] 白寿彝．中国通史．第9卷［M］．中古时代．明时期（上册）［M］．上海：上海人民出版社，2004.

[14] 明实录．中央研究院历史语言研究所，校．中央研究院历史语言研究所影印本，1962.

[15] 陈子龙．明经世文编［M］．北京：中华书局，1962.

[16] 潘谷西．中国古代建筑史　第四卷：元明建筑［M］．北京：中国建筑工业出版社，1999.

[17] 李允鉌．华夏意匠——中国古典建筑设计原理分析［M］．天津：天津大学出版社，2005.

[18] 傅熹年．中国古代建筑史　第二卷：两晋、南北朝、隋唐、五代建筑［M］．北京：中国建筑工业出版社，2001.

[19] 梁思成．营造算例［M］．中国营造学社印行，1934.

[20] 陈志华，李秋香．住宅（上）［M］．北京：生活·读书·新知三联书店，2007.

[21] 王士懋．闽部疏（明宝颜堂订正刊本影印）［M］．台北：成文出版社有限公司，1975.

[22] 王士性．广志绎［M］.北京：中华书局，1981.

[23] 姚承祖．营造法原［M］．北京：中国建筑工业出版社，1986.

[24] 计成．园冶注释［M］．陈植，注释．北京：中国建筑工业出版社，1988.

[25] 萧子显．二十四史全译·南齐书［M］．上海：汉语大词典出版社，2004.

[26] Jean Nieuhoff. L'Ambassade de la Compagnie Orientale des Provinces Unies vers L'Empereur de la Chine，ou Grand Cam de Tartarie. Leyda：Jacob de Meurs，1665.

[27] 伯纳德·鲁道夫斯基．没有建筑师的建筑：简明非正统建筑导论［M］．高军译．天津：天津大学出版社，2011.

后　记

历史的经验和教训都在告诉我们，对于传统建筑的保护来说，单纯依靠政府层面的决策和经济利益的吸引往往欠缺足够的稳定性。对传统建筑长期、持续、稳定的保护，最终要依赖于全社会范围对这一问题所达成的价值共识。关于传统建筑的研究，正是因此具有了超越专业价值范畴的更为广泛的意义。

本书的工作，也正是希望有些微贡献于这一共识的达成。

感谢丛书主编贾东老师。本书的完成，得到了贾老师的大力支持和督促。

感谢研究生团队张旭腾、郑李兴、马韵颖、张屹然等同学为本书相关的调研和整理所做的工作。感谢参与相关调研工作的李雪、杨茹、谢俊鸿、江小玲、彭建等同学。

感谢杨绪波老师对项目调研工作的帮助。

感谢北方工业大学建筑与艺术学院诸位同事们在本书的写作过程中给予的支持和帮助。

感谢中国建筑工业出版社唐旭主任、吴佳编辑为本书的出版所做出的辛勤工作。

本书的研究承蒙教育部人文社会科学研究青年基金项目(15YJCZH177) 、北京市社会科学基金项目(15WYC066)、北京市教育委员会科技计划项目(KM201810009015)、北京市教委基本科研业务费项目、北方工业大学人才强校行动计划项目的资助，特此致谢。